JEAN RAYMOND 1965

DEUX
EXCURSIONS BOTANIQUES

DANS

LE NORD DE L'ESPAGNE ET LE PORTUGAL

EN 1878 ET 1879

PAR

LOUIS LERESCHE et ÉMILE LEVIER

Deo Creatori omnis gloria et laus et amor.

AVEC 9 PLANCHES

LAUSANNE

GEORGES BRIDEL ÉDITEUR

DEUX

EXCURSIONS BOTANIQUES

DANS LE NORD DE L'ESPAGNE ET LE PORTUGAL

DEUX

EXCURSIONS BOTANIQUES

DANS

LE NORD DE L'ESPAGNE ET LE PORTUGAL

EN 1878 ET 1879

PAR

Louis LERESCHE et ÉMILE LEVIER

Deo Creatori omnis gloria et laus et amor.

AVEC 8 PLANCHES

LAUSANNE

IMPRIMERIE GEORGES BRIDEL

1880

A MONSIEUR

EDMOND BOISSIER

Hommage de reconnaissance et souvenir d'affection

de ses amis et dévoués

LOUIS LERESCHE et ÉMILE LEVIER

~~~~~~

31 janvier 1880.

</div>
~~~~~~

AU LECTEUR

La publication que nous adressons aujourd'hui aux botanistes
n'est pas un ouvrage de science. C'est un simple résumé de nos
souvenirs de deux voyages accomplis pendant les mois d'été
dans le nord et l'ouest de l'Espagne et du Portugal. Qu'on ne
s'attende pas à rencontrer ici une exploration complète et détaillée de ces contrées. C'est plutôt des courses rapides, trop
rapides quelquefois, dirigées presque en zigzag à travers des
localités qui piquaient notre curiosité et qui, vu leur éloigne-
ment, nous permettaient d'espérer des récoltes plus variées. En
1878, nous y avons consacré le mois de juillet et la première
moitié du mois d'août. En 1879, seulement le mois de juillet.

Il est regrettable que notre relation n'ait pu être rédigée
par M. Edmond Boissier, de Genève, le chef et le conducteur de
ces deux voyages, auxquels il a bien voulu nous associer. La
profonde connaissance qu'il a depuis longtemps de l'Espagne et
de ses plantes lui aurait permis d'enrichir ce travail de détails
et de notes de toute espèce qui en auraient beaucoup augmenté
la valeur ; mais M. Boissier est, depuis plusieurs années, trop
occupé de la composition et de la publication d'un ouvrage d'une
grande importance et d'un grand intérêt, sa *Flora orientalis*. Il
a préféré qu'un de ses compagnons de voyage le déchargeât du
travail projeté entre nous. M. Levier, qui a fait ces deux voyages

avec nous, est de son côté trop occupé de la pratique de la mé-
decine qui absorbe la plus grande partie de son temps, en hiver
surtout. C'est donc à moi qu'est échue la tâche de rédiger notre
travail. Je dis notre, parce que mes collègues y ont leur part à
plusieurs égards, et qu'il s'agit d'un voyage fait ensemble. Vu la
distance à laquelle nous sommes les uns des autres, il n'a pas
souvent été possible de se consulter. Si des erreurs ou des omis-
sions de quelque importance se sont glissées dans ce travail,
j'en prends la responsabilité sur mon compte, à la décharge de
mes amis.

Après notre premier voyage, en 1878, nous avions formé le
projet d'en donner une relation accompagnée de quelques figures.
Les déterminations d'espèces douteuses ou nouvelles nous prirent
du temps. Les figures en prirent aussi. L'hiver de 1878 à 1879
s'écoula. Déjà M. Boissier formait le projet de retourner dans les
Cantabres et de nous proposer le voyage. On se borna à publier
les diagnoses d'une dizaine d'espèces dans le *Journal of Botany*
de Londres (numéro de juillet 1879), sous le titre : « Decas plantarum novarum in Hispania collectarum. Auctoribus : Leresche et
Levier. » Nous reviendrons dans l'occasion sur les espèces qui y
sont décrites. Repassant dans plusieurs des mêmes lieux, visitant
pour la seconde fois quelques-uns des mêmes endroits, il aurait été fastidieux d'en faire l'objet de deux récits successifs. Il
était plus simple de refaire le travail et de fondre en un seul
récit le compte rendu de ces deux voyages.

En 1862, j'avais fait seul un voyage en Espagne. Commençant
par l'est et le centre, je l'avais terminé par la Sierra de Gredos
et les Cantabres. De son côté M. Boissier, accompagné de son
ami Reuter, avait en 1858 touché quelques points du nord de
l'Espagne. Je n'ai pas résisté au désir d'en dire un mot à propos
de nos deux derniers voyages, puisqu'il s'agit en partie des
mêmes contrées et de beaucoup des mêmes plantes.

Pour la détermination des espèces que nous avons récoltées,
j'ai plus d'une fois, avec M. Boissier, consulté son immense et

bel herbier à Genève. J'ai consulté aussi, avec beaucoup de fruit, l'herbier si instructif de défunt M. Reuter, actuellement la propriété de M. Barbey, beau-fils de M. Boissier. Cet herbier est conservé à Valleyres, près d'Orbe (Vaud), dans la maison de campagne du propriétaire. Mon herbier personnel m'a rappelé bien des détails que j'ai pu mettre à profit pour notre travail. Les bibliothèques, qui accompagnent les herbiers susmentionnés, m'ont fourni tous les renseignements désirables.

Les planches qui accompagnent l'ouvrage ne sont pas rangées d'après l'ordre systématique de classification des espèces qu'elles représentent. Elles ont été exécutées à mesure que nous avions les matériaux nécessaires. Quelques-unes n'ont pu être dessinées qu'après notre dernier voyage. Nous aurions désiré que M. Levier pût en dessiner un plus grand nombre; le temps lui a manqué pour cela.

L. LERESCHE.

DEUX
EXCURSIONS BOTANIQUES

DANS LE NORD DE L'ESPAGNE ET LE PORTUGAL

EN 1878 ET 1879

DÉPART DE LA SUISSE. ENTRÉE EN ESPAGNE

Un article d'une publication anglaise, *The Alpine Journal* (Londres 1874), dans lequel John Ormsby décrit la chaîne de montagnes des Picos de Europa, entre Santander et Oviédo, avait attiré l'attention de M. Edmond Boissier de Génève. Dans le courant de juin 1878, il forma le projet de visiter cette portion de l'Espagne, de passer de là en Portugal, pays qu'il n'avait jamais abordé, et de revenir par la Sierra de Gredos, haute chaîne espagnole entre le Portugal et Madrid. Il proposa le voyage à deux botanistes de ses amis. Une telle faveur ne se refuse guère.

Le 26 juin 1878, les trois futurs voyageurs se trouvaient réunis à Valleyres, près d'Orbe (Vaud, Suisse), chez M. Boissier, chef incontesté de l'expédition par son grand savoir, sa connaissance de l'Espagne et de sa langue, et par d'autres raisons tout aussi péremptoires. M. Emile Levier, habile médecin de Florence, avait pour devoir de soigner ses collègues s'ils tombaient malades, sans abandonner pour tout cela son droit d'herboriser. Il avait sur eux l'incontestable avantage d'être tout juste de moitié plus jeune et, par conséquent, plus alerte. M. Louis Leresche, ancien pasteur, demeurant à Rolle (canton de Vaud), le plus âgé des trois, n'apportait d'autre titre dans l'association que de connaître quelques contrées de l'Espagne et une partie plus ou moins notable de ses plantes. A notre grande satisfaction, un quatrième nous fut adjoint, savoir M. David Ravey, de Rancés (canton de Vaud), autrefois domestique de M. Boissier qu'il avait suivi dans plus d'un de ses voyages. Parrain de la Linaria Raveyi (plante d'Espagne) et du Delphinium Raveyi (espèce d'Anatolie), il avait sur MM. Levier et Leresche l'avantage inappréciable de connaître mieux l'Espagne et d'en savoir la langue. Il devait nous servir de courrier et surveiller les bagages.

Une nuit de chemin de fer (26 à 27 juin) nous transporta de Valleyres à Paris. Quelques jours furent donnés à l'exposition universelle. Enfin, il fallut se séparer des amis qui la visitaient avec nous : M. Agénor Boissier fils et sa famille et M. et Mme Barbey-Boissier.

Qui le croirait? la ligne Valleyres-Paris-Bordeaux est, sinon la plus courte, du moins la plus rapide pour atteindre le nord de l'Espagne. Nous voilà donc sur la route de Bordeaux, puis de Bayonne. Le 3 juillet, nous franchissons la frontière d'Espagne. Visite de douane à Irun.

Nous voulions aller à Santander : deux directions s'offraient à nous. L'une, plus directe, par la côte nord de l'Espagne, allant de Saint-Sébastien à Bilbao et de là à Santander. Cette route parcourt un pays fort joli, d'une belle verdure, avec de beaux arbres, mais très montueux, coupé de profondes vallées cultivées en maïs. Des diligences montent péniblement, quelquefois traînées par des bœufs, passent des cols, redescendent de l'autre côté, et emploient deux grandes journées à faire ce trajet. Les plantes sont celles du littoral cantabrique. Les bruyères, le Lithospernum prostratum, par-ci par-là le Teucrium pyrenaicum, plus rarement la Lobelia urens (à Bilbao). Pas de vignes, excepté quelques-unes à Bilbao, mais le châtaignier, le noyer, les arbres fruitiers, le chêne, rarement le hêtre et point de conifères.

L'autre direction, par chemin de fer, s'avance au midi jusqu'à Venta de Baños; puis, abandonnant la ligne qui mènerait à Madrid, on rebrousse brusquement vers le nord-nord-ouest en prenant la ligne Reynosa-Santander. C'est cette dernière qui fut préférée. Elle n'exigeait que vingt heures environ.

D'IRUN A VENTA DE BAÑOS

Partant d'Irun, la ligne du chemin de fer semble ne s'éloigner de la mer qu'à regret; celle-ci revient plus d'une fois à vous, d'une manière inattendue, par des coupures incompréhensibles de la côte. De petits ports intérieurs, dominés par des collines semées de maisons de campagne, sont tout autant de séjours de bains fréquentés par des familles espagnoles venues de l'intérieur. Des monts couronnés de bois ou de pâturages, des petites rivières mettant en mouvement quelques fabriques, partout une belle végétation, à laquelle se mêlent plusieurs espèces d'arbres fruitiers : pêchers, abricotiers, pommiers, poiriers, cerisiers, figuiers, noyers, châtaigniers, champs de maïs et d'autres céréales, mais ni vignes, ni oliviers. Dans la broussaille, des Ulex, Adenocarpus complicatus, Gay. Plusieurs espèces de bruyères[1]. Tel est ce pays qui charme les yeux des voyageurs. De loin en loin, quelque masure noircie par l'incendie rappelle les tristes exploits des carlistes. Peu à peu, le pays s'élève, les tunnels se multiplient, les villages deviennent plus rares. Des forêts où le hêtre domine remplacent les arbres fruitiers. La Digitalis purpurea, l'Anthylla vulneraria, le Sambucus ebulus fleurissent au bord des bois où errent quelques vaches rouges. Un tunnel vous fait passer sous un rocher élevé, au front escarpé et sourcilleux. Le botaniste voudrait herboriser. Il se prend à regretter d'avoir un billet de long cours. La locomotive l'entraîne. On proclame

[1] Mêlées au Pteris aquilina.

Alsásua. Une vallée s'ouvre et descend à l'est. Un embranchement du chemin de fer en profite pour conduire à Pampelune.
Mais nous continuons au sud dans la direction de Salvatierra.
De maigres cultures de lin, de fèves ou de pommes de terre
semblent accuser l'inclémence du climat. Nous traversons un
plateau élevé, de plusieurs lieues carrées. C'est l'Alava, une des
provinces basques. Vitoria en est la capitale. Les maisons les
plus rapprochées de la voie nous montrent de grandes galeries
vitrées. A Salvatierra, à Vitoria, à Manzanos, une Génistée,
guère plus haute d'un pied, nous apparaît le long de la route,
sans qu'il nous soit possible d'en déterminer l'espèce depuis le
wagon. A Miranda de Ebro, on se trouve sur le cours d'un grand
fleuve presque sans s'en douter. On y soupe au buffet de la gare.
De Miranda se détache un embranchement qui, remontant vers
le nord, s'en va à Bilbao. Quant à nous, nous ne tardons pas à
perdre le souvenir de l'existence. De nuit, « que faire en un wagon, à moins que l'on ne songe. » Passant une autre fois (le
18 août 1878) de jour sur cette même ligne, la station de Pancorbo
attire notre attention. Il y a là, à portée de la voie, des rochers
calcaires à escarpements verticaux qui mériteraient d'être explorés avec soin. C'est là qu'est indiquée la *Draba Mawii*, Hook,
f., figurée dans *Curtis's Botanical Magazine*, vol. XXXI (1875),
planche 6486 ; découverte en 1870 par un Anglais, M. Maw.
Elle est représentée avec des feuilles lancéolées fortement ciliées,
des fleurs blanches à calices fortement bordés de rouge. La sili-
cule tétrasperme, ovale, hirsute, à style court, obtus. Elle est
rapprochée par le descripteur de la Draba Zahlbruckneri, Host.,
et de la Draba Hispanica, Boiss., l'une et l'autre bien différentes
par leurs fleurs jaunes, leurs silicules plus allongées, surmon-
tées d'un style plus prolongé et plus acuminé. Cette Draba Mawii est, selon nous, la même espèce que la *Draba Dedeana*,
Boiss. et Reut., déjà décrite plus de trente ans auparavant dans
les *Additions au voyage dans le midi de l'Espagne*, pag. 718.
La Draba Dedeana était conservée dans l'herbier Fauché (acquis

par M. Boissier) et avait été récoltée dans les montagnes de Pampelune par un botaniste Dédé, à qui elle fut dédiée. Cette espèce a été récoltée depuis par MM. Boissier et Reuter, en 1858, au Pico Cordel au-dessus de Reynosa et dans les montagnes plus à l'ouest qui terminent la partie supérieure du bassin de l'Ebre, le 30 juillet 1862 par M. Leresche, et enfin, abondamment, en juillet 1878 et 1879, aux Picos de Europa, par MM. Boissier, Leresche et Lévier. C'est à tort que M. Boissier dit *loc. cit.* : « petalis flavis. » La plante a décidément les fleurs d'un beau blanc. L'échantillon de Dédé était vieux, ce qui a pu induire en erreur sur la couleur des fleurs.

Le Thym et le Romarin abondent sur les hauteurs de Pancorbo à environ 800 mètres d'altitude. Le manque d'arbres et le peu de cultures qu'on voit aux environs, proviennent probablement de la qualité de la terre et du manque de bras pour la cultiver plutôt que du climat. Celui-ci est très chaud en été et l'hiver, quoique très neigeux, n'est pas à beaucoup près aussi froid que dans la Suisse romande. La vigne n'y est pas cultivée dans les environs. On en trouve à Briviesca et à Villodrigo. La culture des céréales permet aux habitants de Pancorbo d'engraisser des volailles installées dans des cages formant banc autour du foyer. M. Alphonse Vautier, ingénieur civil, à Lausanne, qui a travaillé à Pancorbo à l'établissement de la voie ferrée, a bien voulu nous communiquer la série des altitudes de quelques-unes des stations de cette ligne. Les hauteurs sont indiquées en mètres au-dessus de la mer et sont celles des rails selon le plan de construction.

	Mètres.
Pont sur le rio Bidasoa	8,25
Station d'Irun	15,25
Haut du tunnel de Gainchurirquita (rails)	50,17
Station de Renteria	8,83
» » Pasages	4,00
» » Saint-Sébastien	3,50

	Mètres.
Station de Hernani	8,50
» » Andoain	55,85
» » Tolosa	79,89
» » Beasain	161,89
» » Zumarraga	363,84
Haut du tunnel de Oazurza (rails)	536,00
Tunnel de Otzourte (rails)	614,20
Sommet du terrain naturel sur le tunnel	676,00
Station de Olazagutia	530,00
Point haut du tracé près de Salvatierra	607,86
Station de Salvatierra	593,71
Tunnel de Chinchetru	589,00
Station de Vitoria	524,96
» » Nanclares	484,98
Point bas à Arminon	468,71
Point haut (Senda) près Miranda	491,71
Station de Miranda	460,71
» » Pancorbo	631,70
» » Briviesca	722,28

La station de Burgos est, d'après l'horaire du chemin de fer, la vingtième à partir de la frontière de France. La magnifique cathédrale de cette ville mérite d'être visitée avec soin. A l'intérieur de la ville, la principale place est bordée tout autour de passages sous arcades, ce qu'on retrouve dans la plupart des villes de la vieille Castille. Les environs sont très arborisés et font contraste sous ce rapport avec la généralité de la province.

Bientôt après nous arrivons à la station de Venta de Baños, où M. Levier nous avait précédés dans notre deuxième voyage.

Plantes recueillies par E. Levier
à la station de Venta de Baños, près Palençia
(Vieille-Castille),

le matin du 3 juillet 1879, en attendant le train (retardé) allant à Santander.
(Champs secs, décombres, bords des routes, tout en plaine.)

1. *Agropyrum pungens* (Pers. sub Tritico), R. et S.
2. *Biscutella auriculata*, L. commun.
3. *Bromus rubens*, L. c.
4. *Buffonia tenuifolia*, L.
5. *Centaurea aspcra*, L.
6. *Cephalaria Syriaca* (L. sub Scabiosa), Schrad.
7. *Cirsium arvense* (L. sub Serratula), Scop.
8. *Crepis taraxifolia*, Thuill. γ *laciniata* Wk. et Lge.
9. *Echium Pyrenaicum*, Desf. (an *Echium Italicum*, L.?), fleurs roses, grandes panicules ramifiées, pyramidales.
10. *Elymus caput Medusœ*, L.
11. *Eruca sativa*, Lam.
12. *Euphorbia serrata*, L.
13. *Helianthemum hirtum* (L. sub Cisto), Pers.
14. *Helianthemum virgatum*, (Desf.), Wk. α *setosum* Wk. var. *albiflorum* mihi.

(H. variabile, var. setosum Spach.)

Les folioles épicalicinales fortement ciliées, les sépales à côtes saillantes, hérissées de soies blanchâtres naissant de gros tubercules d'un violet foncé, ne permettaient pas de confondre cette forme à fleurs blanches avec l'*Helianthemum pulverulentum* DC. (Cistus polifolius Lam.) pour lequel je l'avais pris d'abord.

15. *Linaria cœsia* (Lagasca sub Antirrhino), DC. in Chav.
16. *Linum Narbonense*, L. β *latifolium* Lge., abondant.
17. *Matthiola* . . . . . (fleurs roses, assez grandes : pétales longs d'un centimètre, légèrement ondulés sur les bords, pédoncules extrêmement courts, presque nuls ; siliques (très jeunes dans mon exemplaire unique) tomenteuses, non glanduleuses ; lames stigmatiques prolongées en trois cornes, dont la centrale est bifide, feuilles toutes très étroites, linéaires, les inférieures entières ou munies de

chaque côté de un ou deux petits lobes étalés à angle droit. Souche (mal arrachée dans mon exemplaire) cylindrique, assez mince, subligneuse, oblique. — (Je n'ai pas de littérature pour identifier cette espèce, qui pourrait bien être la même que celle que nous trouvâmes au pied des Picos de Europa, à côté du sentier au-dessus du dernier village.)

18. *Nigella Hispanica*, L.

19. *Orobanche crinita*, Viv. (Je me suis donné beaucoup de mal pour mettre un nom à l'unique exemplaire recueilli, sans la plante nourricière, au milieu d'un champ abandonné (post messem) au midi de la gare de Venta de Baños. La description de l'espèce de Viviani, dans Willk. et Lge., est la seule qui corresponde à mon exemplaire, spécialement par les caractères suivants : filamenta glabra, segmenta calycis antice coalita, alterum profunde bifidum, laciniis lineari subulatis, labia corollæ non ciliata.)

20. *Phleum pratense*, L, β *nodosum*, Gaud.

21. *Phlomis Herba Venti*, L. (Abondant, avec le suivant; mais non recueilli.)

22. *Phlomis Lychnitis*, L. bord des champs.

23. *Plantago albicans*, L. La plupart des exemplaires sont rendus monstrueux par une piqûre d'insecte (?) qui a transformé le tiers supérieur de l'épi en une masse ovoïde recouverte d'une pubescence blanche et soyeuse. L'analyse de la monstruosité n'est pas encore faite.

24. *Reséda lutea*, L.

25. *Rœmeria hybrida* (L. sub Chelidonio) DC.

26. *Salvia Æthiopis*, L.

27. *Scabiosa stellata*, L. (Non DC. Prodr. fide Gr. et Godr.) Trois petits exemplaires appartenant à la forme S. simplex (Rchb. fil. sub Asterocephalo), et très instructifs, en ce qu'ils présentent un mélange des caractères attribués par M. Willkomm à ses *Sc. stellata*, L. et *Sc. monspeliensis*, Jacq. (Paleis scariosis abrupte herbaceoacuminatis potius ad Scabiosam stellatam (L) Wk. referenda, sed statura humili, pilis tubi calyculi foveas lineares sub occultantibus, limbo nervis 34 villosis percurso exactius Scabiosam monspeliensem (Jacq.) Wk. refert.) J'adopte, en conséquence, l'opinion de Grenier et Godron (Fl. de Fr. II, pag. 76), qui réunissent les deux espè-

ces indiquées sous le nom de *Scabiosa stellata*, L. (non Prodrom.
DC!), et qui proposent de restituer à la plante décrite dans le pro-
drome le nom de *Sc. rotata*, Bieb.

28. *Senecio gallicus*, Chaix ap. Vill.

29. *Sideritis hirsuta*, L.

30. *Silene legionensis*, Lagasca, très abondant et très richement
fleuri : jusqu'à dix-huit fleurs sur le même épi.

31. *Silene Muscipula*, L.

32. *Thymus Zygis*, L.

33. *Wangenheimia Lima* (Lœfl. sub Cynosuro) Trin.

34. *Xeranthemum inapertum*, W.

ALAR DEL REY

REYNOSA ET LE COURS SUPÉRIEUR DE L'ÈBRE

A Venta de Baños nous abandonnons la ligne de Valladolid et Madrid, et nous prenons l'embranchement de Santander, qui nous fait rebrousser brusquement vers le nord. Nous avions déjà suivi la même voie l'année précédente. Le pays est un vaste plateau, quelques vignes, des champs, des alignements de peupliers d'Italie, aspect monotone. Les villages, quand on en rencontre, sont de misérable apparence, les maisons basses, construites en pisé. A l'horizon, du côté du nord, on aperçoit dans le lointain des montagnes encore neigées. Bientôt nous arrivons à Alar del Rey, où nous rejoignons M. Levier qui nous avait précédés. Il avait eu le temps d'y faire une herborisation, dont voici le résultat.

Plantes récoltées par E. Levier
aux environs d'Alar del Rey, province de Palencia,
le 5 juillet 1879.

CATALOGUE ALPHABÉTIQUE

1. *Alchemilla arvensis* (L. sub Aphanè), Scop., champs secs et jachères à l'ouest du village, commun.

2. *Alchemilla cornucopioides* (Lag. sub Aphanè) R. et Sch., en petite quantité dans un champ abandonné au nord du village.

3. *Alyssum campestre*, L., ibid.

4. *Anacyclus clavatus*, Pers., champs et décombres près de la gare d'Alar.

5. *Anagallis linifolia*, L, var. filamentis *cœruleo* (nec flavo) barbatis. Dans un champ pierreux au nord du village. (Les anthères, d'un jaune vif, sont courbées en croissant; la laine des filaments, au lieu d'être jaune, comme l'indique M. Willkomm, est d'un azur vif, concolore à celui des pétales.)

6. *Anchusa undulata*, L., ibid.

7. *Andryala Ragusina*, L. Endroits sablonneux à côté des routes, au nord du village. Commun.

8. *Arctostaphylos uva ursi* (L. sub. Arbuto), Spr. (non recueilli), abondant sur la colline pierreuse à côté du chemin de fer, au nord d'Alar, et faisant un singulier effet à côté de *Lavandula pedunculata*. Cav.

9. *Armeria longearistata*, Boiss., Reut. Un seul exemplaire, presque défleuri, au pied des collines pierreuses, au nord du village. Le diagnostic reste un peu douteux, les deux fleurs uniques du capitule présentant une couleur faiblement rosée et non blanche. Les autres caractères concordent suffisamment: feuilles extérieures étalées, un peu élargies au-dessus de la moitié de leur longueur, à peu près du double plus larges que les feuilles intérieures, qui sont linéaires filiformes, totalement enroulées, canaliculées de manière à rendre leurs bords presque contigus au-dessus de la nervure médiane. *Trois nerfs* pellucides, les deux latéraux très rapprochés des *bords des feuilles, brièvement pubescents ciliés, ainsi que le dos des feuilles*. Hampe, de 18 centimètres, faiblement pubescente dans le bas, glabre dans ses $^3/_4$ supérieurs. Capitule petit (1 $^1/_2$ centimètre de diamètre); involucre à folioles d'un brun ferrugineux, pâle, bitrisériées; les extérieures ovales, étroitement scarieuses aux bords, obtuses, terminées par un acumen épais et court, d'un brun plus foncé; les intérieures plus largement scarieuses, lacérées à leur extrémité, dépourvues de mucron. Bractéoles scarieuses, lacérées, dentées à leur extrémité, sensiblement plus longues que le fruit. Pédicelle de moitié plus court que le tube du calice; celui-ci obconique, à côtes velues, un peu plus étroites que les intervalles (sillons) glabres. Limbe égalant le tube, à lobes triangulaires acuminés, terminés par une arête scabre, aussi longue ou un peu plus longue que le limbe, et égalant ou dépassant légèrement les fleurs.

10. *Astragalus macrorrhizus*, Cav. Sur une côte pierreuse, très aride, au nord du village, passé un petit pont, traversé par la grande route. Défleuri, avec des fruits mûrs très caractéristiques.

11. *Avena pratensis*, L. avec Sesleria argentea Savi, sur les rochers à côté du chemin de fer, au nord d'Alar. (Feuilles rudes à la

face supérieure, faisceau de poils trois fois plus long que la callosité basilaire de la seconde fleur.)

12. *Campanula Hispanica*, Willk. Le type plus abondant, facilement reconnaissable à la pubescence blanchâtre des feuilles et du bas des tiges. En magnifique floraison sur les rochers à côté du chemin de fer, au nord d'Alar. Au milieu des touffes typiques j'ai trouvé une *variété glabre* qui pourrait être confondùe avec le *C. rotundifolia,* mais qui s'en distingue au premier coup d'œil par sés divisions calicinales *dressées* (non étalées), deux fois ou deux fois et demie plus longues que le tube du calice.

13. *Carduncellus Monspeliensium*, All. Colline pierreuse au-dessus du chemin de fer, au nord d'Alar.

14. *Carduus tenuiflorus*, Curt. Endroits incultes et décombres près de la gare d'Alar.

15. *Carduus Gayanus*, Dur. in litt. 1837. (C. Carpetanus, Boiss. et Reut. Diagn. N° 35.) Aspect rappelant celui du *Galactites tomentosa.* Identique aux exemplaires alpins de la Sierra de Gredos, recueillis en 1878 : corymbes seulement plus fournis, à capitules plus serrés et plus nombreux. Champs pierreux et décombres à l'est d'Alar.

16. *Carduus chrysacanthus* (Ten ?), Willk. in Prodr fl. Hisp. II, pag. 198. Champs pierreux et décombres près de la gare d'Alar. (Reste à examiner !)

17. *Centaurea Lagascana*, Grœlls. Cette magnifique espèce, acaule, à fleurs jaunes, croissait er. petite quantité sur une colline au nord d'Alar, à côté du chemin de fer.

18. *Centaurea paniculata*, L. Décombres et endroits incultes près de la gare. Non encore fleuri, mais avec les calathides déjà suffisamment développées. (Se rapproche beaucoup de la description du C. Langeana Wk., auquel je l'aurais rapporté sans ce caractère, attribué au C. Langeana : *appendicibus stramineis vix maculatis,* tandis que dans la plante d'Alar les appendices des squames involucrales sont bordés de brun foncé.)

19. *Centaurea scabiosa*, L., champs et moissons au nord d'Alar.

20. *Convolvulus lineatus*, L., sur un tertre argileux au bord d'un sentier au nord d'Alar.

21. *Coris Monspeliensis*, L., avec Astragalus macrorrhizus, sur une colline aride au nord d'Alar.

22. *Corrigiola telephiifolia*, Pourr., champs abandonnés, endroits argileux au nord d'Alar.

23. *Crepis albida*, Vill., la forme élevée, polycéphale dans les fentes de rochers à côté du chemin de fer ; la *var. β minor* Willk., sur d'autres rochers, très arides, à l'ouest d'Alar.

24. *Cynoglossum cheirifolium*, L., champs secs à l'ouest d'Alar.

25. *Cynoglossum Loreyi*, Jord. (?), Willk. et Lange. Prodr. fl. Hisp. II, pag. 508. Champs abandonnés au nord d'Alar. Par ses corolles glabres, ses pédicelles fructifères arqués, recourbés, il se distingue du C. clandestinum ; sa taille peu élevée, la petitesse de toutes ses parties, ses feuilles très étroites ne permettent d'ailleurs pas de l'identifier avec le C. pictum.

26. *Dianthus Langeanus*, Willk. Prodr. fl. Hisp. III, pag. 690. Sur une colline pierreuse à côté du chemin de fer, au nord d'Alar. Par son port, il rappelle vivement D. brachyanthus, dont il se distingue nettement par son calice, *strié de la base au sommet* (et non du milieu au sommet). Ses feuilles mucronées, ses anthères jaunes le différencient du D. Hispanicus.

27. *Echium Pyrenaicum*, Desf. (E. pyramidatum DC), bords des champs, endroits incultes à l'ouest d'Alar. Je ne saurais reconnaître l'identité de cette plante, aux fleurs roses, à l'inflorescence ramifiée, pyramidale, à très large base, avec l'Echium Italicum, si commun dans l'Italie centrale, dont les fleurs sont blanches et dont le port est tout différent. (Inflorescence en grappe spiciforme dense et étroite.) A part ces différences extérieures, je trouve, dans l'espèce espagnole, les corolles beaucoup plus longuement exsertes que dans les échantillons toscans.

28. *Erinus alpinus*, L. *γ hirsutus* Gr. et God. (Erinus Hispanicus Pers.), fentes de rochers à côté du chemin de fer, au nord d'Alar.

29. *Eryngium tenue*, Lam., champs secs au nord d'Alar.

30. *Euphorbia serrata*, L. Le type, pêle-mêle avec la *var. phylloclada* Lg., abonde dans les décombres et dans les endroits incultes à côté de la gare d'Alar.

31. *Evax pygmœa* (L. sub Filagine), Pers., champs argileux au nord d'Alar.

32. *Genista scorpius*, DC., δ *campylocarpa* Willk. Défleuri, mais en fruits mûrs sur la colline pierreuse à côté du chemin de fer, au nord d'Alar.

33. *Helianthemum hirtum*. (L. sub Cisto.) Tertres arides, collines pierreuses au nord d'Alar. Très commun.

34. *Hieracium amplexicaule*, L., fentes de rochers sur une colline à côté du chemin de fer, au nord d'Alar. Port passablement différent de celui des échantillons suisses, etc. Plantes peu élevées, de 8 à 16 centimètres. Feuilles des rosettes radicales *obovales*, presque entières ou très peu profondément sinuées, dentées, un peu glaucescentes. Tiges ramifiées dès la base ou, plus fréquemment, dès le milieu.

35. *Hieracium bombycinum*, Boiss. et Reut. (H. mixtum Fröl., γ bombycinum Scheele in W. et L. Prodr. II, pag. 262.) Assez copieux au pied des rochers à côté du chemin de fer, au nord d'Alar. Les exemplaires robustes atteignent jusqu'à 24 centimètres de hauteur, les feuilles radicales, avec le pétiole, mesurent jusqu'à 12 centimètres ; plus grande largeur : 4 centimètres. Elles sont obovées, très entières, presque toujours légèrement émarginées à l'extrémité du nerf médian. Je doute fort que la réunion avec le H. mixtum Fröl. soit justifiée.

36. *Inula montana*, L. Colline pierreuse, à côté du chemin de fer, au-dessus d'Alar.

37. *Jurinea humilis* (Desf. sub Serratula), DC., avec la variété *scaposa*, ibidem. La forme à scapes allongés, que M. Willkomm paraît n'avoir pas vue d'Espagne, atteint, dans cette localité, de 3 à 8 centimètres.

38. *Lavandula pedunculata*, Cav., abondant dans la même localité que 37.

39. *Lepidium ruderale*, L. Décombres aux abords de la gare d'Alar.

40. *Linaria amethystea* (Brotero, sub Antirrhino), Hoffm. et Lk. var. *concolor* Levier. A typo præcipue differt labio corollæ inferiore concolore, cæruleo, purpureo (haud flavescente), caulibus superne non glandulosis, plerumque glaberrimis.

Assez abondant dans un champ abandonné à un kilomètre et demi au nord d'Alar.

41. *Linaria cæsia* (Lagasca sub Antirrhino), DC. in Chav., β *decumbens* Lange. (Prodr. fl. Hisp. II, 573.) Champs incultes au nord-ouest d'Alar; peu abondant.

42. *Linum salsoloides*, Lam. Parois de rochers abruptes, au-dessus du petit fleuve, au nord d'Alar.

43. *Mibora verna*, P. B. Champs secs au nord d'Alar.

44. *Micropus erectus*, L. Talus herbeux au bord d'un canal près de la gare.

45. *Onobrychis madritensis*, Boiss. et Reut. Champs pierreux à l'ouest d'Alar.

46. *Papaver Argemone*, L. Moissons, au nord d'Alar.

47. *Paronychia argentea*, Lam. Talus argileux au bord d'un sentier, au nord d'Alar (avec Convolvulus lineatus).

48. *Plantago serpentina*, Vill., forma foliis valde pilosis. Endroits secs, au nord d'Alar.

49. *Plantago subulata*, L. Collines arides, au nord d'Alar.

50. *Podospermum laciniatum* (L. sub Scorzonera), DC., β *integrifolium* Gr. et God. (Podosperm. subulatum DC.) Endroits incultes près de la gare d'Alar.

51. *Polygonum amphibium*, L. α *natans*. Fossés au nord d'Alar.

52. *Pterospartum sagittale* (L. sub Genista), Willk. Colline pierreuse à côté du chemin de fer, au nord d'Alar.

53. *Rœmeria hybrida*, DC. Décombres et endroits incultes près de la gare.

54. *Rosa dumetorum*, Thuill. Haies au nord d'Alar.

55. *Rosa sepium*, Thuill. (stylis villosis). Haies au nord d'Alar.

56. *Rumex acetosella*, L. Forma sub integrifolia, humilis: champs secs, au nord d'Alar.

57. *Salvia Æthiopis*, L. Champs pierreux au nord d'Alar.

58. *Scleranthus annuus*, L. Champs secs, au nord d'Alar.

59. *Scorzonera graminifolia*, L. (Sc. macrocephala DC.) Fentes de rochers, au nord d'Alar; peu abondant.

60. *Senebiera didyma* (L. sub Lepidio). Décombres près de la gare d'Alar.

61. *Senecio gallicus*, Chaix (apud Vill.); endroits incultes, graveleux, près de la gare.

62. *Sesleria argentea*, Savi (*S. cylindrica* DC), au pied des rochers à côté du chemin de fer, au nord d'Alar.

64. *Sideritis hirsuta*, L. α *vulgaris*. Champs pierreux, autour d'Alar.

65. *Silene hirsuta*, Lagasca. Moissons, au nord d'Alar. -

65. *Silene legionensis*, Lagasca. Endroits pierreux; collines à côté du chemin de fer; commun.

66. *Sisymbrium hirsutum*, Lagasca. Autour des habitations; décombres, etc., près de la gare.

67. *Spiræa rhodoclada*, sp. nov. (Ex affinitate Spireæ hypericifoliæ et flabellatæ Bert.) Frutex 2-3 pedalis, trunco ramisque vetustioribus sparse pilosis, fusco-cinereo corticatis, *junioribus pulchre rubentibus*, foliis (exstipulatis) parvis (1 ¹/₂ centimetr. longis) coriaceis, glabris, subtus reticulato-venosis, lanceolato-obovatis, *integerrimis*, margine cartilagineo sub revoluto, majoribus ramorum sterilium fere rhombeis acutis, nervis rubro-pellucidis, floribus numerosis pedunculatis, in umbellas simplices, plerumque 5 floras, ramulos laterales brevissimos 3-5 foliatos terminantes et inflorescentiam spicatam, 6-14 centimetra longam formantes dispositis; petalis rotundatis parvis, staminibus corolla brevioribus, folliculis carinatis, stylo fere æquilongo, purpureo, horizontaliter refracto terminatis. Dentes calycini triangulares, virides, anguste et pallide cartilagineo-marginati, acuti, sinubus (inter dentes) rotundatis, sæpe callo rubescente notatis. — Hab. in colle saxoso ad septentrionem pagi Alar del Rey (Cast. Vet.) Hispaniæ borealis, sociis Lavandula pedunculata, Arctostaphylo uva-ursi, etc. Flor. Jun. fruct. Jul.

68. *Thapsia villosa*, L. (non recueilli), extrêmement abondante dans les champs abandonnés au midi d'Alar.

69. *Thesium divaricatum*, A. DC. Champs secs, au nord d'Alar.

70. *Thymus Mastichina*, L. Abonde sur les collines et côtés des routes autour d'Alar.

71. *Thymus Serpyllum*, L., β *angustifolius* Rchbch. fil. Endroits pierreux, au nord d'Alar.

72. *Thymus zygis*, L. Collines, bords des routes, au nord d'Alar. Très commun, en touffes compactes, extrêmement floribondes.

73. *Tragopogon castellanum*, Levier. sp. nov: Stirps a collo radicis ad capitula 24 - 27 centimetra alta (in exemplare unico),

indumento floccoso-cano subpersistente, præcipue ad vaginas foliorum caulesque juniores *obsita,* radice verticali, ʻ*collo leviter
napiformi-incrassato,* albo-squamato aut muriculato, caule a basi
in 5 — 6 ramos foliosos, adscendentes, strictè-erectos, anthodium
unicum gerentes diviso, foliis anguste linearibus canaliculatis,
nervis 3 crassis percursis, flexuosis, glabris (excepta vagina extus
niveo et longe floccosa), inferioribus ad 12 - 14 centimetra longis,
2 millimetra latis, caulinis basi dilatatis semi amplexicaulibus,
longe vaginantibus, superioribus brevioribus, angustioribus, *ramis
fructiferis* striatis *sub anthodio valde* (et fistuloso) *incrassatis involucro octophyllo* flosculis *luteis* (ex inspectione flosculorum vetustiorum, siccitate corrugatorum) $\frac{1}{4}$ *breviore* phyllis e lata basi
longe et acute lanceolatis attenuatis (in fructu 3 - 3 $\frac{1}{2}$ centimetr.
longis), exterioribus tote viridibus, interioribus basi scarioso-marginatis, basi et extus sparse arachnoideis, *acheniis* longiusculis
(2 cent. longis) pallide fuscis, *in* ROSTRUM *leve, striatum, albescens
stramineum* (couleur de paille) *apice incrassatum et sub pappo
longe lanato penicillatum.* ACHENIO DUPLO BREVIUS sensim attenuatis
marginalibus basi arcuatis striatis *crebre et eburneo muricatis
squamulosis,* centralibus rectis minus crebre muricatis, intimis
basi inermibus, pappo 2 $\frac{1}{2}$ centimetra longo, radiis stramineis,
lana plumosa sordida. ② aut ① ? Flor. Jun. Jul.

Hab. in incultis herbosis et agris siccis ad pagum Alar del Rey
(prov. Palencia) Castellæ veteris.

Tragopogon floccosum W. et Kit. longe differt *caule* elato *ramoso,*
anthodiis, acheniisque multo minoribus, rostro brevissimo, etc. —
Nulla cum aliis speciebus generis europæis affinitas. — Species
distinctissima.

74. *Trisetum ovatum* (P. B. et R. S. sub Trichetta), Bromus ovatus Cav. Champs au nord d'Alar.

75. *Vicia onobrychioides.* L. Champs au nord d'Alar.

———

A Alar del Rey et de là en avançant vers le nord, les collines
deviennent plus fréquentes. De jolies plantes, que nous n'avons
pas le temps de reconnaître, ornent les parois des rochers.

L'Erica cinerea fait son apparition et finit bientôt par devenir commune. De station en station nous arrivons à Reynosa, bourgade assez maussade sur le cours supérieur de l'Ebre, qui là n'est guère qu'un ruisseau. Sur les murs du temple, un saxifrage entièrement passé, probablement le canaliculata Reuter. Dans des ruelles négligées, le Geranium lucidum, L. Il est difficile de trouver une bonne auberge, mais beaucoup de maisons s'intitulent Casa de huespedes, c'est-à-dire qu'on y loge les voyageurs et qu'on leur apprête la nourriture qu'ils doivent se procurer à leurs frais. Nous laissons M. Leresche raconter une excursion qu'il avait faite depuis là seize ans auparavant. « C'était les 28 et 29 juillet 1862. J'étais à pied, accompagné d'un homme qui devait me servir de guide et porter ma presse botanique. Pour commencer, la vallée monte peu. A demi-heure en amont de Reynosa, une colline pierreuse m'arrête quelques instants. J'y cueille quelques exemplaires d'un saxifrage que M. Reuter a reconnu plus tard pour son Saxifraga canaliculata. J'y cueille aussi un Dianthus que j'ai reconnu pour le Dianthus hispanicus Asso. Le chemin que je suivais était bordé partout de Silene legionensis en bon état de fleurs. A deux lieues de Reynosa je passe près d'une petite lagune ou étang naturel que les gens du pays considèrent comme la source de l'Ebre.

» Les grandes choses ont souvent de petits commencements. Rien de poétique dans ce site, espèce de mare entourée d'herbages aquatiques. La seule plante qui m'ait intéressé était la Digitalis parviflora, Jacq., espèce du nord de l'Espagne qui appartient au groupe de la D. ferruginea. La direction que je suivais me faisait longer la base de Pico Cordel, qui passe pour la plus haute montagne de la contrée. Elle fait partie du flanc nord de la vallée de l'Ebre, et peut avoir de 6500 à 7000 pieds. Elle est souvent couverte de brouillards, ce qui n'est pas rare dans les montagnes du nord de l'Espagne. MM. Boissier et Reuter l'avaient visitée en juillet 1858, ils y ont trouvé la plupart des espèces que j'ai rencontrées plus loin en remontant cette vallée.

Vers le milieu de la journée, nous passâmes près des dernières maisons. L'une d'elles était une espèce de Venta où l'on pouvait se procurer du pain, du vin et quelques autres articles de nourriture. Dans le voisinage fleurissait l'Antirrhinum Huetii [1], que j'ai toujours vu à fleurs jaunes, à feuilles étroites et éparses. La base de la corolle est fortement prolongée en bosse obtuse, mais la capsule est celle des Antirrhinum et non celle des Linaria.

» Depuis ces maisons, la vallée devient déserte, sauvage, et monte plus rapidement. On rencontre quelques forêts de hêtres. Je trouvai alors dans des pentes humides Daboecia polifolia. Don Erica ciliaris, Narthecium ossifragum, Genista micrantha. Ort : etc. Plus loin encore, il fallut gravir le flanc nord de la vallée à travers une forêt de genistées (Genista leptoclada, Gay., Genista obtusiramea, Gay., Sarothamnus Cantabricus, Willk., etc.), dont les troncs et grosses branches, de la grosseur du bras et plus, entravaient beaucoup notre marche. Une large zone de cette espèce de fourré avait été incendiée à dessein l'année précédente. C'est un procédé que les montagnards d'Espagne emploient pour se préparer du bois sec et facile à arracher pour l'année suivante. Dans les intervalles de ce fourré croissait le Genista tridentata. Bientôt la vallée s'étrangle. Le dernier genêt que nous rencontrons était un bel arbuste encore en pleine fleur. Quelques minutes de plus et nous entrons dans un vaste amphithéâtre dont le fond est occupé par un pâturage où paissaient une centaine de moutons. Les cimes environnantes, où se voyaient encore quelques derniers restes de neige, fermaient l'horizon en demi-cercle continu. J'ai supposé depuis que ces montagnes doivent confiner d'assez près à la Llebana, contrée plus au nord, qui a pour chef-lieu la petite ville de Potes.

» Au bas du pâturage coulait un petit ruisseau, premier tribut offert à l'Ebre naissant. Dans les endroits secs fleurissaient quel-

---

[1] Les frères Huet ont exploré les Pyrénées, la Sicile, les Abruzzes, l'Arménie.

ques plantes de Trifolium alpinum ; dans les endroits humides la Pedicularis mixta, G. G. ; dans les rocailles Daphne Philippi, G. G. Erinus Hispánicus Pers., Saxifraga Geum Lapeyr., Silene ciliata, Pourr., Merendera bulbocodium, Ram. Une cabane de bergers nous reçoit pour la nuit. Du feu au centre chauffait une chaudière dans laquelle cuisait de la viande de chamois dont la peau encore fraîche pendait près de nous. Un banc de pierre servait de couchette. Un froid vif pendant la nuit. Le lendemain, choisissant le côté sud-ouest, nous gravissons le rempart de rochers. Au sommet le Saxifraga Cantabrica, presque défleuri, la Draba Dedeana, Boiss., l'Arabis Boryi, Boiss. Du sommet de ce passage on voyait plus à l'ouest, dans le lointain, une montagne pyramidale, escarpée, blanche de neige sur ses pentes, plus haute que celles que nous venions de traverser.

» A gauche, c'est-à-dire au sud-sud-est, se voyaient des montagnes moins hautes, que je crois calcaires. Descendant devant nous au sud, nous atteignons en peu de temps des bois clairs où je cueille Holcus Reuteri, Boiss., Luzula lactea, Link., Physospermum aquilegifolium Koch. Peu d'heures après nous arrivons dans un petit village où nous pouvons avoir à manger.

Plus au sud les montagnes s'abaissent, puis cessent ; on entre dans un pays presque désert et peu accidenté où croissent Euphorbia polygalæfolia, Boiss., Erica vagans, L., etc. Au coucher du soleil je traverse un chaînon de collines calcaires où croissait Armeria Castellana Boiss., espèce à feuilles courtes, un peu dures, assez larges, presque piquantes, puis le Saxifraga cuneata, Cav., entièrement passé, Inula helenioides, D. C.

» La direction que j'avais suivie dans cette journée (29 juillet 1862) décrivait une courbe qui laissait Cervera à quelque distance au nord-ouest, et Aguilar de Campo à quelque distance au sud-est. La nuit me surprit comme j'entrais dans le village de Monastero. Point de posada, point de refuge ! Il fallut demander l'hospitalité à monsieur le curé, brave homme dont le gros rire annonçait un caractère joyeux. Une soupe, abondamment poudrée de piment, formait une bouillie où la cuiller plantée verticalement se tenait debout ; un pain un peu coriace et du gros vin rouge nous servirent de régal. Dans la chambre à coucher, deux alcôves, en forme de niches pratiquées dans le mur, et devant lesquelles glissait un rideau. L'une pour monsieur le curé, l'autre pour moi. Le lit qui m'échut ne m'a laissé d'autre souvenir que celui d'un bon dormir. Le lendemain, avant l'aube, on me sert dans un gobelet de la grosseur d'un dé à coudre un peu de chocolat, de quoi mouiller un bâtonet de pain de la longueur de l'index. Je prends congé de mon hôte. Un faucheur et une faneuse armés d'une faux, d'une fourche et d'une lanterne m'escortent jusqu'aux premières lueurs du jour. Quelques heures après j'atteignais la station de Quintanillas, où croit abondamment le Silene legionensis. De là le trajet en chemin de fer jusqu'à Reynosa s'effectue rapidement.

» Payer mon porteur et plier bagage fut l'affaire d'un instant. J'entre dans une des voitures qui servaient alors à franchir le hiatus qui interrompait encore la continuité de la voie ferrée. Ces voitures descendaient par une gorge rocheuse, rapide, étroite et profonde soulevant sur leur passage des nuages de poussière. Ces gorges offriraient, je pense, quelques plantes intéressantes. Rejoignant plus bas la voie ferrée, on descend pendant quelques heures en diagonale le plan incliné qui aboutit à la mer (golfe de Gascogne), traversant des prairies émaillées de fleurs (Iris xyphioides, Ehrh., Eryngium Bourgati, Gouan.), franchissant des ravins, côtoyant des rochers et arrivant ainsi à de grands villages qui annoncent les approches de Santander. »

SANTANDER

Le 5 juillet 1878, nous étions réunis à Santander à l'hôtel d'Amérique, dans une des rues voisines du port. L'année suivante le bâtiment de cet hôtel avait changé de destination ; nous allons loger dans un hôtel plus rapproché de la gare, le 7 juillet 1879. C'était même saison et partant mêmes plantes, à peu près dans le même état. L'une et l'autre fois, tandis que M. Boissier prend les arrangements nécessaires pour assurer le succès du voyage, MM. Levier et Leresche consacrent trois ou quatre heures de la journée à explorer quelques localités des environs. Avant d'en rendre compte, jetons un coup d'œil rapide sur la contrée.

Santander est bâti sur la côte sud orientale d'un promontoire qui abrite son port des vents du nord et de l'ouest. Sa position est magnifique. Ses maisons montent en gradins jusques sur la colline, d'où l'on a une vue splendide. Par delà le port, la côte se prolonge à l'est. Au midi, dans le lointain, se développe la longue chaîne des monts Cantabres, diversement découpée. Elle porte encore çà et là quelques taches de neige. — Elle nous paraît varier entre mille et quinze ou dix-huit cents mètres d'altitude. Au nord la mer de Gascogne qui envoie à l'ouest-nord-ouest de la ville une petite baie bordée à son extrémité d'une plage de sables maritimes où sont situés les établissements des bains de mer réputés d'entre les meilleurs de l'Espagne. Un service journalier de bateaux à vapeur côtoie la base orientale du promontoire depuis le port jusqu'à son extrémité nord-est où sont des restaurants à l'usage des promeneurs, tandis que sur terre un service d'omnibus sur railway fait le tour du promontoire pour venir aboutir de l'autre côté à la baie des bains.

Un danger menace dans l'avenir la prospérité de Santander.

Les vents de l'est jettent des sables en travers de l'étroite baie au fond de laquelle est situé le port et tendent à former un barrage qui en fermerait l'entrée. Un bas-fond, très visible depuis le sommet de la colline, est en train de se former. Cette éventualité préoccupe les gens clairvoyants.

Avec M. Levier nous profitons de quelques heures pour faire une herborisation. Pour commencer, nous suivons la base orientale du promontoire. A la sortie de la ville, nous rencontrons le Raphanus maritimus, Sm. Plus loin, dans des pentes herboso-broussailleuses, les Daboecia polifolia, Don.; Erica ciliaris, L.; Erica cinerea, L.; Erica vagans, L.; Lobelia urens, L.; Lithospermum prostratum, Lois.; Serapias cordigera, L. Plus loin encore, sur des rochers secs, Teucrium pyrenaicum, L., et sur un rocher humide, Anagallis tenella, L. A moitié distance de ce parcours, nous cueillons dans des cultures Oxalis violacea, L., originaire d'Amérique. (Virginie.) Cette aventurière, abusant du droit d'asile, s'est multipliée dans quelques cultures au point de devenir très incommode. Au sommet de la colline, un propriétaire déplore la perte de son jardin qui ne produit plus que cette « yerba mala. » Il nous demande un remède pour s'en débarrasser. Il ne nous est pas venu à l'esprit de lui conseiller de parquer dans son clos un troupeau de porcs non muselés. Reste à savoir si les tubercules de cette Oxalis seraient de leur goût.

Passant sur le versant occidental de la colline, nous cueillons dans des prairies Lythrum Græfferi, Ten.; Centaurea nemoralis, Jord.; Serapias cordigera, L.; Briza minor, L. De là nous descendons sur les sables qui entourent le fond de la baie des bains. Ils nous offrent plusieurs des espèces qui sont répandues dans les sables maritimes de la France occidentale : Dianthus gallicus, D C.; Honkenya peploides, Ehrh.; Medicago marina, L.; Medicago litoralis, Rhode; Eryngium maritimum, L., et sur l'extrémité de ses racines sa parasite Orobanche amethystea, Thuill. (Orobanche Eryngii, Vaucher); Artemisia campestris, L.;

Bellis perennis, L., var. minor.; Convolvulus soldanella, L.; Linaria maritima, DC.; Pancratium maritimum, L.; Scirpus Savii, Seb. Maur.; Carex arenaria, L.; Bromus Madritensis, L.; Festuca sabulicola, Dufour; Agropyrum junceum, P. B.; Agropyrum pungens, R. S.; Polypogon Monspeliensis, Desf.

Au delà de la baie des bains, le pays se relève un peu vers le nord-ouest en un plateau de quelques kilomètres ondulé en collines et ravins, tantôt revêtu de prairies qu'on fauchait à ce moment-là (7 juillet 1879), tantôt inculte et stérile. Dans cette traversée, nous cueillons Serapias cordigera, L.; Eufragia viscosa, Benth. (Bartsia viscosa, L.); Linum gallicum, L.; Vicia angustifolia, All.; Orobus tuberosus, L.; var. tenuifolius[1]; Lithospermum prostratum, Lois.; Anthemis nobilis, L.; Centaurea nemoralis, Jord.; Phalangium planifolium, DC.; Scorzonera humilis, L.; Rosa spinosissima, L., etc. Ce plateau est terminé vers le nord par un petit bois de pins dominé par un phare bâti au sommet de la falaise. Dans le bois croissent le Pulicaria odora, Reichb.; le Genista hispanica, L.; la Daboecia polifolia, Don.; les Erica vagans, L.; cinerea, L., etc.; sur le rocher même de la falaise, la Potentilla splendens, Ram.; Samolus Valerandi, L.; Ophrys apifera, Huds.; Chlora perfoliata, L.; Nasturtium officinale, R. Br.

De retour de notre herborisation, M. Boissier nous fait passer dans la soirée quelques moments des plus agréables dans la compagnie de M. Prus[2], qui nous donne avec une parfaite ama-

---

[1] Le seul échantillon de cette plante que j'aie récolté est curieux en ce que les feuilles supérieures qui portent deux paires de folioles très longues et étroitement linéaires se terminent par une vrille aussi longue que les folioles, non divisée, mais très tortillée à son sommet. Deux feuilles inférieures ne portent qu'une paire de folioles, mais point de languette ni de vrille. Une feuille du milieu de la tige porte deux paires de folioles et une languette terminale. La tige faiblement anguleuse. Le pédoncule, plus long que feuilles et folioles, porte trois fleurs. M. Willkomm, dans sa *Fl. Hisp.* III. pag. 320, rapporte l'Orobus gracilis, Gaudin, Fl. Helv., à l'O. tuberosus. C'est une erreur. La plante de Gaudin est une variété à folioles linéaires de l'O. vernus, L. — LERESCHE.

[2] M. Prus est l'ingénieur de la compagnie des mines de zinc dites de la Vieille-montagne, dont le siège est en Belgique et qui exploite le zinc en plusieurs pays. Il réside à Santander.

bilité les renseignements désirables sur les gorges de la Deba, Potes et les Picos de Europa. Nous obtenons par son moyen une recommandation pour l'employé aux mines d'Aliva, qui dispose dans les chalets de cette haute station d'un pied à terre que nous avons été heureux de rencontrer à cette altitude.

Nous avons fait deux fois le trajet de Santander à Unquera. Le 6 juillet 1878 en diligence, où les voyageurs étaient empilés en nombre impossible. Et le 8 juillet 1879 en voiture de louage, à coup sûr beaucoup plus agréable, mais fort chère. L'une et l'autre fois, une journée entière a été employée à cette traversée, qui est longue, sans que nous ayons eu le temps d'herboriser. Dans la dernière moitié de l'après-midi, nous passons à Vicente de la Barquera, village au bord de la mer, dans une curieuse situation entre deux cours d'eau qui y aboutissent. Au delà, une montée un peu longue nous permet de mettre pied à terre. Nous cueillons au bord de la route Anacamptis pyramidalis, Rich., encore en belles fleurs; Campanula rapunculus, L., peu fréquente en Suisse, et surtout Seseli Cantabricum, Lge. descr. ic. ill., pag. 7, tab. X. Ses fleurs jaunâtres commencent à fleurir. Aucune apparence de fruits. Enfin le Cirsium filipendulum, Lge. pug., pag. 142, que nous avions déjà cueilli le jour précédent au phare de Santander. Nous remontons en voiture pour quelque temps encore avant d'arriver le soir à Unquera.

UNQUERA [1]. LES GORGES DE LA DEBA [2]. — POTES

Nous logeons dans une auberge tenue par un Français. Les chambres sont petites, très simples, mais convenables. La table est bonne. Au bout du bâtiment, une vaste pièce bien éclairée et bien aérée, presque sans meubles, reçoit nos étalages de plantes en dessication. Dans le jardin, l'Acacia Julibrissin, Wild., en pleine terre, mûrit ses graines et se ressème de lui-même ; un peu plus loin un arbre d'Eucalyptus globulus atteste que le climat est doux et que les hivers ne sont pas rigoureux. Nous sommes au bord de la Deba, sur sa rive droite. Un bâtiment scandinave décharge les bois de construction qu'il a amenés. La rivière coule lentement. Elle cherche son embouchure à travers des rochers qui nous masquent la vue de la mer. Ils ne sont pas loin, mais il est tard et nous n'avons plus le temps de les visiter. Un pont sur la Deba conduit au village, bâti sur la rive gauche. Une courte promenade nous montre la Globularia nudicaulis. Ici elle descend jusque dans le voisinage de la mer. Dans les Alpes suisses, elle ne consent pas à descendre au-dessous de mille mètres d'altitude au-dessus de la mer.

Le lendemain (7 juillet 1878, 9 juillet 1879) nous partons de bonne heure en voiture, sur la route de Potes, situé 8 ou 10 lieues plus à l'ouest. Pour commencer, la route remonte la rive droite de la Deba en se tenant à quelque distance. Nous n'avons pas fait un kilomètre que nous voyons sur le bord de la route l'Eryngium Bourgati, Gouau, partout ailleurs plante de montagne. Nous traversons un village où prospèrent les arbres fruitiers. Au bout d'environ une ou deux lieues, nous voyons le confluent de la Deba et de la Cares. La première recueille les eaux du sud-est de la chaîne des Picos de Europa. La seconde

[1] Ce nom ne figure pas sur les cartes de géographie, mais il est bien connu des gens du pays.
[2] On prononce indifféremment Déba ou Déva.

recueille les eaux qui descendent du versant nord de la même chaîne.

Nous avons à peine fait deux lieues que nous entrons dans les gorges étroites et profondes de la Deba. Elles ont environ 25 kilomètres de longueur. D'immenses parois calcaires, que festonnent quelques arbres (des chênes) ou quelques broussailles, encadrent les deux rives et ne laissent qu'un étroit passage pour la rivière et la route. On se croirait dans quelque vallée reculée et sauvage des Alpes suisses. Il ne manque pour compléter l'illusion que des sapins, des chalets, des cascades, des glaciers dominés par des pics neigeux. La vallée monte peu et la rivière en la descendant coule rapidement, mais sans soubresauts et sans bouillonner contre des obstacles. La route, bonne du reste, est parfois taillée dans le rocher. Ici ou là elle passe d'une rive à l'autre, selon que l'exige le peu de place qui lui est laissée. Dans les fissures des rochers croît la rare Petrocoptis Lagascæ, Wilk., aux belles fleurs roses, le double plus grandes que les fleurs pâles ou blanches du Petrocoptis Pyrenaica, A. Br. ; ses feuilles sont aussi plus grandes, moins glauques, moins charnues, aiguës ou subaiguës et non obtuses. Nous voyons aussi d'autres plantes de rochers. Le Teucrium pyrenaicum, L.; l'Hypericum nummularium, L.; la Linaria origanifolia, DC.; l'Erinus hispanicus, Pers. Là où quelque peu de terre descend du rocher et aide à la végétation, c'est le Linum viscosum, L., à belles fleurs roses, que nous prenons de loin pour celles d'un Dianthus; le Linum Narbonense, L., à grandes fleurs bleues ; l'Anarrhinum bellidifolium, Desf.; l'Hypericum pulchrum, L.; Trisetum flavescens; Arenaria grandiflora, All.; Arabis stricta, Huds.; Pimpinella Tragium, Vill.

A la moitié, à peu près, de la longueur des gorges, on rencontre quelques maisons sur la rive gauche de la rivière, et une petite auberge hantée par les mineurs et les muletiers. Là s'ouvre un étroit vallon au fond duquel coule un ruisseau. Nous faisons quelques pas sur le chemin de dévestiture qui mène dans la montagne. Nous cueillons l'Antirrhinum-Huetii, puis une Malva, que nous croyons être Malva geraniifolia, Gay. in Dur. pl. Astur.; et une Linaire, que M. Edm. Boissier a reconnue être nouvelle; elle est décrite dans l'article « Decas plantarum novarum in Hispania collectarum, auctoribus L. Leresche et E. Levier » insérée dans le *Journal of Botany* qui se publie à Londres, numéro de juillet 1879. Nous reproduisons ici cette description, à l'usage des botanistes qui visiteront cette contrée :

« *Linaria faucicola*, Levier et Leresche (Linaire des gorges) — (sect. *supinœ*). Annua glaberrima, caulibus pluribus filiformibus diffuso-adscendentibus simplicibus vel parce ramosis pumilis, foliis parvis quaternis oblongis obtusis basi attenuatis, superioribus alternis, lineari oblongis, racemo paucifloro sub anthesi brevissimo tandem laxo, floribus brevissime pedicellatis, calycis laciniis linearibus acutis corollæ tubo subbrevioribus, corolla cæruleo-violacea concolore palato pallidiore tubo striato, calcare recto acuto corollæ æquilongo, seminibus planis anguste marginatis lævissimis.

» Habitat in lapidosis umbrosis faucis lateralis vallis fluvii Deva provinciæ Santander Hispaniae borealis. Floret Julio. Caules 5-8 pollicares folia majora 5-6 lineas longa 1-1 $\frac{1}{2}$ lata, flores cum calcare 9 lineas longi. Ex affinitate *linariæ polygonifoliæ*, Poir., *amethysteæ*, Hoffmg. et Link, differt ramis magis diffusis, racemo non glanduloso. Calycis laciniis non oblongo linearibus, corollæ non multipunctatæ calcare non incurvo, semine nec tuberculato nec margine incrassato. »

En redescendant à la grande route, au bord du ruisseau, dans des endroits frais, couverts, inaccessibles, une plante à fleurs brillantes, nombreuses, plutôt petites que grandes, dépassant à peine le tapis de feuilles dont elles émergent, attire notre attention. Est-ce la Tormentilla erecta ? mais non ; ou bien la Lysimachia nemorum ? guère plus probable ; ou quelque autre espèce ? Problème resté pour nous insoluble. Nous rentrons dans les gorges de la Deba (ou Deva) qui redeviennent étroites et serrées.

Quelques kilomètres plus loin, elles s'élargissent un peu pour laisser la place à un petit hameau où il y a des bains. Sur les pentes d'un rocher, où une eau glisse en cascade, nous voyons un beau Fissidens, mais sans fruits. Dans un fossé, Helosciadium nodiflorum. Plus on avance, plus souvent aussi se présente un élargissement de la gorge, une maison, quelques noyers, quelques peupliers, de petits espaces cultivés en pommes de terre. Enfin, le pays s'ouvre davantage. Sur une colline (rive droite de la rivière), nous voyons un village et des vignes, les premières que nous rencontrons. Le Thymus mastichina, au bord de la route, annonce un pays plus chaud. La vallée tourne à droite, dans la direction de l'ouest. Encore un village, c'est Tama. Une venta permet aux voyageurs fatigués de se restaurer. De là, jusqu'à Potes, il n'y a plus qu'une lieue. Nous avons à notre droite, au nord, au delà de la Deba, les gradins inférieurs de la chaîne des Picos de Europa. Leurs pentes rapides, rocheuses, se chauffent au soleil. Elles peuvent recéler, sans que nous le sachions, quelques raretés botaniques. A notre gauche, du côté du sud et sud-ouest, se développe une contrée montagneuse beaucoup moins élevée et moins abrupte que la chaîne des Picos qui est vis-à-vis. Cette contrée s'appelle la *Llebana*. Une rivière, qui en recueille les eaux, vient se jeter dans la Deba un peu au-dessous de Potes. La chaîne des Picos de Europa et la Llebana forment ainsi un bassin dont Potes est le principal endroit. Son altitude ne peut guère dépasser deux ou trois cents mètres. Cette évaluation n'est toutefois qu'approximative. Son climat est doux. Dans l'intérieur du bourg, nous avons remarqué un Eucalyptus globulus et dans un jardin un Grenadier en fleurs. Les arbres fruitiers y prospèrent. Du 8 au 15 juillet, on nous servait au dessert de belles cerises et de petits abricots. En face du bourg, les pentes inférieures des Picos de Europa sont cultivées en vignobles peu réguliers, ce qui leur donne un aspect négligé. Ils produisent un vin rouge que les gens du pays s'efforcent de comparer au Bordeaux. Sans vouloir contresigner cette appréciation, nous devons dire que nous l'avons trouvé estimable et beaucoup mieux de notre goût que les vins lourds et trop violents de l'Espagne méridionale. Dans les Cantabres et les Asturies, on ne cultive que rarement et très exceptionnellement la vigne. Le littoral est exposé aux vents du nord, saturés de l'humidité de la mer. Les nuages qu'ils amènent sont arrêtés par les montagnes et se résolvent en pluies fréquentes. Ce climat un peu frais et trop humide ne convient pas à la vigne pour bien mûrir son fruit. Mais quand on s'éloigne à quelques lieues de la mer et qu'on entre dans des vallées préservées des vents du nord par des montagnes un peu élevées, on retrouve la vigne. C'est ainsi qu'on en voit quelques-unes dans le bassin de Bilbao, bien davantage dans celui de Potes; en petite quantité entre Grado et Rodigal, dans les Asturies. Chose curieuse ! des citronniers et même des orangers peuvent se cultiver le long du littoral, dans des jardins abrités. On en voit peu, il est vrai, à Bilbao. On en voit aussi dans quelques localités entre Unquera et Oviedo. Ce qu'il leur faut, c'est un climat doux, exempt de gelées. L'humidité de la mer leur convient pour entretenir leur feuillage toujours vert et alimenter une sève qui ne se repose jamais entièrement. A Potes, on n'en trouve point, quoique la contrée soit fertile en arbres fruitiers. Point non plus d'oliviers. Ces derniers ne se cultivent ni dans les Cantabres ni dans les Asturies.

Nous voilà installés à Potes. L'auberge n'est point mauvaise. Ce n'est pas une fonda [1]. C'est mieux qu'une posada [2] ou qu'un parador [3]. Le lendemain (8 juillet 1878, 10 juillet 1879), nous nous acheminons dès le matin pour les Picos de Europa. En sortant de Potes, nous tournons un peu au nord-ouest, nous avons à notre gauche des champs de froment ou de Cicer arietinum ; à notre droite, de l'autre côté de la rivière, des vignes. Pendant deux lieues, nous suivons le fond d'une vallée très do-

---

[1] *Fonda*, nom espagnol réservé aux grands hôtels.
[2] *Posada*, auberge rustique de campagne.
[3] *Parador*, espèce de restaurant.

minée, mais qui monte peu. De nombreux ouvriers travaillent en plus d'un endroit à élargir, dresser et améliorer la route. Elle suit la Deba, le long de laquelle croissent le Populus nigra, l'Alnus glutinosa, Salix incana, Schrank, Salix alba, L., et sous leur ombrage Iris fœtidissima, L. Dans les champs, le Tordylium maximum, L., le Microlonchus Salmanticus, l'Alchemilla cornucopioides (un seul échantillon), le Filago gallica, L. En approchant d'un village, un Iris de la section du Germanica garnit une pente ombragée de noyers. Près de là, nous cueillons la Digitalis parviflora, Jacq. Après avoir fait deux lieues depuis Potes, les muletiers, avec nos bagages, continuent quelque temps à suivre le fond de la vallée, pour monter ensuite à la montagne par un chemin plus commode pour les bêtes de charge.

Quant à nous, traversant la Deba, nous gravissons un chemin rapide au bas duquel, dans un champ, nous voyons en abondance le Xeranthemum cylindraceum, Sm.; dans des haies, l'Acer campestre. Dans la broussaille de la montée, Scorzonera graminifolia, L., Sarothamnus cantabricus, Willk., et Genista leptoclada, Gay. Ces deux dernières nous accompagnent longtemps.

De là jusqu'au dernier village supérieur, nous rencontrons successivement le long du chemin Matthiola tristis, R. Br.; Crucianella angustifolia, L.; Thymus Mastichina, L.; Centaurea nemoralis, Jordan; Scleropoa rigida, Gris., Cyperus badius, Desf.; Melissa officinalis, L.; Himanthoglossum hircinum; Spr. Rubus, etc. Ce village est caché dans les noyers. Un vallon le sépare d'un autre village, à la même altitude, mais plus à l'ouest, où croissent encore des vignes. A partir de là, nous entrons dans une région de prairies alpestres où les arbres fruitiers disparaissent bientôt, mais où quelques beaux chênes croissent le long du chemin. Sur leurs troncs, M. Levier nous fait remarquer la Fabronia pusilla. Un jeune garçon, une jeune fillette gardent quelques pièces de bétail avec toute l'insouciance du jeune âge et toute l'innocente liberté des enfants de la montagne. Paisible tableau qui inspire la confiance. Les plantes deviennent de plus en plus intéressantes. Nous citerons : Dabœcia polifolia, Don.; Erica vagans, L.; Euphorbia polygalæfolia, Boiss. ; Digitalis parviflora, Jacq.; Sarothamnus Cantabricus, Willk.; Genista Lobelii, DC., en commencement de fruits ; Teucrium Pyrenaicum, L.; Cirsium Anglicam, Lob.; Genista Hispanica et Genista sagittalis, L.

Nous arrivons à une pierre de la grandeur d'une maison. C'est un rocher déplacé, roulé de la montagne, et arrêté là dans un pré. Sur sa paroi se balancent quelques tiges fleuries de l'Avena filifolia, Lag. (Avena fallax, Ten.) A sa base, dans l'herbe, parmi le Medicago lupulina, L., les Myosotis, le Geranium Robertianum, L., et des graminées, croît abondamment une petite ombellifère qu'aucun de nous ne connaît. Ses ombelles peu fournies prennent, lorsqu'elles commencent à passer, un aspect deminuageux. Les fleurs, d'abord roses, deviennent plus tard bigarrées de brun et de jaunâtre. Toute la plante rappelle de loin et en petit la Pimpinella magna, L.; varietas Alpina flore roseo, commune dans les Alpes suisses. Sur cette simple apparence, M. Leresche croit y reconnaître une Pimpinella et propose de l'appeler Pimpinella siifolia. C'est sous ce nom qu'elle a été décrite dans le « Decas plantarum novarum in Hispania collectarum, » et qu'elle est figurée dans le présent mémoire, planche première. Nous avons retrouvé cette même plante plus haut dans des endroits rocailleux et broussailleux et jusqu'à 6500 pieds environ (2000 mètres approximativement), dans des pâturages pierreux. A cette dernière altitude, elle atteint difficilement un pied. Nous recommandons cette plante à l'attention des botanistes. Si, plus heureux que nous, ils la trouvent en fruits, ils auront à prononcer plus tard sur le genre auquel elle appartient. Nous reproduisons ici la description que nous en avons donnée loc. cit. :

« *Pimpinella siifolia*, Leresche. Radix perennis caudiculos subterraneos passim nodosos emittens. Caule plerumque erecto tereti $^1/_4$-1 $^1/_2$ pedali parce ramoso. Foliis ambitu triangulari lanceolatis , venulosis subtus glaucescentibus margine inciso

serratis, serraturis acútis mucronulatis, radicalibus inferiori-
busque longe petiolatis trijugis, lobo impari subtrilobo lobis
inferioribus petiolulatis externe ampliatis; caulinis breviter petiolatis, petiolo vaginato margine scarioso ; supremis paucilobis
lobulisque linearibus. Umbellis 5-12 radiatis, involucro mo-
nophyllo, rarius diphyllo, sæpe nullo, phyllis exiguis anguste
linearibus. Umbellulis 8-20 radiatis, involucellis 1-3 phyllis in-
integris inequalibus, anguste linearibus. Floribus amœne carneo
rubellis, calyce obsoleto, petalis bicornubus, medio nempe la-
cinula inflexa obcordato. Stylopodio mammillari luteolo, stylis
mox extrorsum arcuatis brevibus. Fructus immaturi ovati, ut
tota planta glaberrimi.

» Species juxta Pimpinellæ magnæ varietatem alpinam rubri-
floram collocanda, sed hæc altior, durior caule angulato nec
lævi, foliis firmioribus grosse dentatis, stylis duplo longioribus
et radice non radicante.

» In nostris speciminibus fructus maturi deficiunt ; inde genus
adhuc incertum remanet.

» Hanc novam elegantemque stirpem in pascuis fruticosis
lapidosisque montium « Picos de Europa » supra Potes Cantabriæ legimus. A regione superiori quercuum ad usque pascua
alpina crescit.

» *Obs.* — Plerique auctores in genere Pimpinella involucrum
utrumque nullum dicunt. Sic DC. prod. IV, pag. 119; Gaudin fl.
helv. II, pag. 438, et alii; Koch vero in Syn. fl. germ. et helv.,
ed. 2., pag. 316, præsentiam vel absentiam involucrorum in
Pimpinellis tacet; Boissier in Flor. Orient. II, pag. 864-874, Pim-
pinellas exinvolucratas et alteras involucris et involucellis munitas
enumerat. »

La pierre ou roche isolée que nous venons de mentionner est
à une cinquantaine de pas du chemin, à gauche pour ceux qui
montent. Elle peut servir de point de repère pour les botanistes
qui voudraient rechercher la plante que nous venons de mentionner. Dès cet endroit on monte plus rapidement, on ne tarde

pas d'entrer dans un ravin dont le fond était encore rempli d'une coulée de neige (9-14 juillet), accumulée là par les avalanches. Si on remontait ce couloir jusqu'à sa limite supérieure, on irait se heurter contre les rochers qui font partie du corps de la montagne. Jusqu'à quel point serait-il possible de sortir de cette impasse en faisant de la gymnastique de club alpin et de gagner les régions supérieures qui vous dominent de très haut ? Nous ne savons. Le flanc occidental de ce ravin (à la gauche de ceux qui montent) est dominé par toute une région boisée qui vient y aboutir en plan incliné. Le bas de la forêt a des chênes à leur limite supérieure et des bois mêlés, d'essences diverses. La région moyenne et supérieure présente des hêtres de haute futaie. Le sentier que nous avons suivi traverse la forêt en diagonale ascendante [1].

Dans la forêt nous cueillons le Symphytum tuberosum, L., la Scilla liliohyacinthus, L.; et dans de petites rocailles qui obstruent le sentier, l'Arenaria montana, L. A la sortie supérieure de la forêt, l'Asphodelus albus, W.; l'Orchis sambucina, L.; l'Erica arborea, L., qui, là, forme de petits buissons d'à peine deux pieds, parmi lesquels M. Levier a le bonheur de rencontrer la Fritillaria Pyrenaica, L. Au-dessus des bois commence une région de pâturages alpins fort rapides où croissaient encore à leur limite supérieure la Digitalis parviflora Jacq., le Sarothamnus Cantabricus, Willk., et la Pedicularis foliosa, L.

Cette région aboutit dans sa partie supérieure à des ravins pierreux et à des rochers escarpés qui les dominent. On est là, selon notre évaluation approximative, à 6500, peut-être à 7000 pieds d'altitude. Nous avons fait ce passage quatre fois, avec quelques variantes de détail. Deux fois en montant (8 juillet 1878, 10 juillet 1879), avec des alternatives de temps couvert, de pluie

---

[1] Parallèlement à ce sentier, mais environ un ou deux kilomètres plus haut, on peut monter par un chenal qui suit la base des rochers d'une part et la lisière supérieure de la forêt d'autre part. Ce chenal aboutit aux pâturages supérieurs.

et de brouillard, peu favorables à l'herborisation. Et deux fois en descendant (10 juillet 1878, 14 juillet 1879), avec un temps meilleur. Il va sans dire que nous avons revu plus d'une fois les mêmes espèces. Mais chaque fois aussi nous avons trouvé des espèces que nous n'avions pas aperçues précédemment, ou recherché vainement des espèces que nous avions trouvées une première fois. Ce passage est riche en plantes et mérite d'être visité avec soin. C'est une espèce de col supérieur conduisant à Aliva en redescendant de l'autre côté par le versant nord. Il y a plus à l'ouest un autre col parallèle à celui-ci, mais d'un étage inférieur (500 à 800 pieds moins élevé), conduisant aussi à Aliva presque sans redescendre. C'est le passage que suivent les mineurs, les muletiers et les troupeaux.

Nos deux excursions dans ces montagnes, en 1878 et 1879, ont été faites à la même époque, correspondant à la seconde semaine de juillet. A l'altitude de 6000 à 7000 pieds, la végétation était en 1879 beaucoup en retard comparativement à ce qu'elle était en 1878. La seconde fois nous avons trouvé plusieurs vernalités qui nous avaient entièrement échappé la première. L'hiver de 1878 à 1879 avait été extrêmement neigeux dans les montagnes. Des régions entières que nous avions trouvées brillamment fleuries en 1878, étaient entièrement couvertes de neige en 1879, à notre grand désappointement. Pour restituer à chaque année ce qui lui appartient, nous citerons quelquefois la date.

Revenons à notre col. Pour mettre plus d'ordre dans nos indications, nous distinguerons les deux versants. D'abord le versant sud (côté de Potes). Dans les ravins pierreux, parmi le gravier en éboulement (8 juillet 1878), une belle Linaire, à grandes fleurs d'un rose carné, avec palais orange, excite notre admiration. Nous l'avons vainement cherchée en 1879, elle était encore sous la neige. Nous reproduisons ici la description que nous en avons donnée dans le *Journal of Botany*, juillet 1879, article « Decas plantarum novarum in Hispania collectarum. »

« *Linaria filicaulis*, Boissier. (Sect. *Linariastrum*.) Perennis ? glauceścens glaberrima vel sub lente papillaris, late cæspitosa, radice tenui fibrosa, caudiculis numerosissimis tenuiter filiformibus inter lapides decumbentibus nudis, caulibus prostratis vel adscendentibus brevibus, foliis minutis carnosulis oblongo linearibus obtusis in petiolum brevissimum attenuatis inferioribus quaternis superioribus alternis floribus breviter pedunculatis in capitula ovata demum laxiuscula aggregatis, calycis laciniis elliptico-linearibus obtusis, corollæ intense roseæ palato aurantiaco, calcare recto acuto corollæ æquilongo, capsula obtusa laciniis calycinis longiore seminibus planis ala orbiculari cinctis disco tuberculis elevatis obsito.

» Habitat in glareosis mobilibus alpinis jugi « Picos de Europa » dictis alt. 7000, in monte Pena de Curavacas ejusdem provinciæ. (Boissier.)

» Affinis, *L.*; *alpinæ*, DC.; sed specifice distincta videtur foliis latioribus floribus fere duplo majoribus, corolla rosea nec cæruleo-violacea, calcare longiore, seminibus tuberculato-punctatis. »

Tout près de là, dans des gazons pierreux, Carex Asturica, Boiss. Belle espèce, à larges feuilles et gros utricules. Puis un Poterium n'ayant encore aucun fruit et dont l'espèce reste par conséquent douteuse. Ce n'est peut-être que l'ordinaire. Dans des rocailles environnantes (14 juillet 1879), Hepatica triloba à fleurs pâles, Scilla verna, Huds. Une jolie Passerine, *Thymelœa Ruyzii*, Loscos in « Restaurador Pharmaceutico. » Elle a les fleurs de couleur citrine, sessiles et solitaires le long des rameaux de l'année précédente. Le fruit, de la grosseur d'un grain de coriandre, reste longtemps inclus dans le périgone et presque caché parmi les feuilles. Celles-ci sont linéaires, sessiles, obtuses ou subobtuses, un peu en gouttière, parcourues sur le dos par une seule nervure, nombreuses, serrées, presque imbriquées dans les jeunes rameaux, longues de huit millimètres, larges à peine de deux. Elles persistent deux années. Celles de l'année précédente sont glabrescentes. Les nouvelles sont abondamment velues, surtout sur le dos. L'écorce des jeunes rameaux de l'année est velue et canescente. Celle des rameaux de l'année précédente est brune et glabre. Les feuilles, lorsqu'elles tombent, laissent l'empreinte de leur cicatrice, qui s'efface sur les vieux rameaux. La plante est suffrutescente, plus ou moins rameuse, ordinairement couchée sur le sol, relevant ses jeunes rameaux et ne dépassant pas un pied. La racine est très tenace et difficile à arracher ; cette espèce croît aussi en Navarre.

Dans ces mêmes rocailles croissent encore les derniers pieds de l'Erica arborea, à plus de 6000 pieds d'altitude.

Dans les rochers qui dominent le col, à la droite de ceux qui montent, croissent dans les fissures le Saxifraga Geum, Lapeyr. et l'Asperula hirta, Ram. Sous des parois surplombantes est un petit terre-plein où les moutons viennent se réfugier. Ils n'y étaient pas encore venus lorsque nous y passâmes, car sa végétation était encore intacte. Mais le sol avait profité de leurs visites antérieures et nourrissait d'énormes touffes, en superbes fleurs, de la Caryolopha sempervirens, Fisch. (Anchusa sempervirens, L.). A côté croissait aussi Capsella bursa pastoris, et une Arabis voisine de l'Arabis alpina, que nous avons nommée Arabis Cantabrica. En suivant cette paroi on arrive à un couloir rapide et pierreux où nous avons cueilli (10 juillet 1878) le Hieracium bombycinum, Boiss. et Reut. ; un Thalictrum non encore fleuri, et une jolie Ancolie, que nous avons décrite dans le « *Journal of Botany* » de Londres, numéro de juillet 1879. M. Levier en a fait un dessin, que nous donnons dans notre planche numéro VI. Malheureusement nous n'avons trouvé que peu d'échantillons de cette plante. Aucun n'était en fruits. Nous avons repassé là le 14 juillet 1879, mais cette station était couverte de neige. Nous reproduisons ci-après la description de cette espèce.

« *Aquilegia discolor*, Levier et Leresche. Rhizoma crassum, inter lapides latitans folia radicalia numerosa caulesque palmares paucos unicumve alit. Foliis radicalibus biternatis apice rotundato-lobulatis, glabris subtus glaucis, caule duplo brevioribus, caulinis paucis, summis ligulæformibus. Caule unifloro vel in media altitudine alterum florem breviter pedunculatum edente, apice pubescente. Flore extus pubescente, ante evolutionem nutante, mediocri magnitudine, sepalis petaloideis cæruleis ovato-lanceolatis, obtuse apiculatis, petala duplo superantibus. Petalis rotundatis, pallide albis, stamina vix æquantibus. Antheris ovatis luteolis. Calcaribus petalorum longitudine, apice obtuso subin-curvis. Capsulæ hucusque ignotæ.

» Ad *Aquilegiam pyrenaicam*, DC.; valde accedit forma foliorum altitudine caulis et plantæ omni indole, at differre videtur flori-bus fere duplo minoribus, sepalis angustioribus, petalis duplo fere brevioribus discoloribus. Calcaria cæterum similia.

» In rupestribus calcareis montium Picos de Europa, supra Potes, Cantabriæ altit. 7000 p. s. m., die 10 Julii, 1878, legimus. »

Un peu plus haut les rochers redeviennent perpendiculaires, Le long de leurs corniches dépouillées de neige M. Levier cueille le Saxifraga aretioides, Lap. (14 juillet 1879.)

Au sommet du col, sur l'angle d'un rocher, Avena filifolia, Lag.; Kœleria... Saxifraga canaliculata, Boiss. et Reut. Belle espèce à grandes fleurs d'un beau blanc, disposées en nombreux corimbes serrés. Le feuillage forme des gazons abondants. Toute la plante est un peu glutineuse et s'attache au papier. Il est très répandu dans tous les rochers des Picos de Europa, dont c'est un des beaux ornements. Son nom lui a été donné à cause d'un sillon très prononcé qui se remarque le long de la face interne du pétiole. Nous avons trouvé cette même espèce dans les rochers de Penna redonda, ouest de Cervera. MM. Boissier et Reuter l'ont trouvée en juillet 1858 dans les monts de Rey-nosa, et M. Bourgeau en 1864 à Pico de las Corvas près de Convento de Arvas [1]. Elle paraît préférer le calcaire. Nous en donnons une figure, pl. III.

Toujours sur le même col (10 juillet 1878), le Dianthus Re-

[1] Dans les Asturies.

quienii, G. G., Fl. Fr. I. pag. 254, égaye par ses jolies fleurs d'un rose vif les derniers gazons supérieurs. Il rappelle un peu les petits échantillons du Dianthus cæsius, Smith, mais il a le feuillage plus vert, moins glauque, les feuilles plus aiguës, plus courtes, plus étroites, les gazons moins lâches, les fleurs plus foncées et moins grandes, les pétales non pubescents à la base, les écailles calicinales plus longues et plus aiguës.

Il nous a paru que les rochers qui dominent ce col s'élèvent encore d'un millier de pieds plus haut. Ils sont escarpés. Mais peut-être ne sont-ils pas inaccessibles. De leur sommité la vue doit être fort belle. Malheureusement elle est souvent couverte de brouillards. Ils forment l'angle le plus méridional et la portion la plus élevée de cette partie des Picos de Europa. A partir de là les rochers, toujours très escarpés et très déchirés, se dirigent vers l'est, en diminuant peu à peu d'altitude. Ils forment la paroi méridionale d'une vallée alpine qui descend vers l'est. L'autre paroi qui lui est parallèle est formée par une chaîne de rochers encore plus élevés, qui se dirigent dans le même sens, en s'abaissant aussi graduellement vers l'est. Depuis le col où nous étions, en nous tournant vers le nord, nous avions à nos pieds la partie supérieure de cette vallée couverte de pâturages. C'est dans ces pâturages que sont les chalets d'Aliva, où nous devions prendre gîte. Au delà, toujours en face de nous et bornant notre horizon, se dressait la plus haute montagne du pays (environ 8500 pieds d'altitude), entièrement couverte de neige. Elle porte le nom de *Penna Vieja* (la vieille montagne). Elle est massive, rocheuse et escarpée, inaccessible par les côtés méridional et occidental, qui présentent des parois très abruptes d'où descendent de très grands pierriers. Il nous a paru qu'elle pourrait être accessible par son côté oriental qui la relie à la continuation de la chaîne, ou par son côté septentrional où elle domine un vallon alpin très pierreux. Son angle sud-occidental est vertical, domine Las Gramas et termine la chaîne.

Revenons au col dont nous venons de décrire la vue. En descendant au nord pour atteindre Aliva, on a devant soi un vallon d'environ trois quart d'heure, dont on peut suivre à volonté ou le flanc oriental, plus au soleil (à notre droite), ou le flanc occidental, plus ombré.

Par le flanc oriental (8 et 10 juillet 1878, 10 juillet 1879) nous avons rencontré, outre le Saxifraga canaliculata, Boiss. et Reut., l'Arenaria capitata, Lam. (Arenaria aggregata, Lois.); et sur des terrains pierreux dénudés, le Saxifraga conifera, Cosson. Cette curieuse espèce est fort peu connue. Elle a été découverte par le collecteur Bourgeau, en juin 1864, au Pico de las Corvas pr. Convento de Arvas. (Asturies.) Elle a été nommée par M. Cosson. M. Willkomm dans sa Flore d'Espagne, III, pag. 114, la classe à côté du Saxifraga hypnoides, L. ; il dit que les pétales, les étamines et les semences sont inconnus. En 1878 nous ne l'avons guère trouvé en état plus complet ; mais en 1879 nous l'avons récolté en meilleur état. Les fleurs sont plus petites que celles du Saxifraga tridactylites, avec lequel il n'a du reste aucun rapport. Elles sont d'un blanc douteux. Les pétales dépassent peu les lobes du calice et sont ovoïdes. Les hampes soit tiges florifères sont dressées, grêles, souvent rougeâtres et portent de trois à huit fleurs. Pendant l'été les caudicules ne s'allongent presque plus, les feuilles de leurs extrémités se condensent de plus en plus en cônes ovoïdes cotonneux de la grosseur d'un haricot. Après l'hiver ces cônes se développent et donnent naissance à plusieurs petits rameaux, qui constituent un gazon plus restreint que celui du Saxifraga hypnoides. Nous donnons une figure de cette curieuse espèce, planche II.

Tout à côté croissaient les rosettes d'un petit Sempervivum non fleuri et le Ranunculus gramineus, L. Puis, sur un petit rocher peu élevé au-dessus du sol, une petite Campanule que nous ne connaissons pas. Nous l'avions déjà aperçue en 1878, mais en si petite quantité qu'à peine chacun de nous en avait un échantillon. Elle ne fleurit qu'en août. Rapportée vivante en 1879 par M. Boissier, elle a donné, la même année, deux ou trois fleurs dans son jardin à Valleyres, ce qui a permis de la dessiner.

Nous en donnons la figure pl. VIII. Nous reproduisons la description qui a paru (Decas plantarum) sous le nom de *Campanula acutangula*.

« *Campanula acutangula*, Leresche et Levier. — Radix centralis, perennis caudiculos plures in orbem expansos emittit. Caudiculis subangulatis, vage pilosis, brevibus, foliatis, paucifloris. Foliis caulinis numerosis, alternis, petiolatis, inferioribus rotundatis, supremis rhomboideis, basi integris cætero ambitu acute paucidentatis, dente supremo majori. Petiolis limbo brevioribus. Ramulis brevibus ex axillis supremis oriundis, parce foliolatis, florem unicum gerentibus. Flores vel potius alabastri in unico nostro specimine nimis juniores ovarium ut videtur rotundatum laciniis calycinis elongatis subfoliaceis lanceolatis ostendunt. Corolla et fructus hucusque ignoti.

» Planta rupestris, ut videtur peculiaris, eam ad sectionem *Campanulæ Portenschlagianæ* pertinere suspicamur.

» Rupes calcareas alpinas montium « Picos de Europa » Cantabriæ altitudinis 6000-7000 p. s. mare inhabitat. »

Cette Campanule est grêle et délicate. Toute la plante est d'un vert pâle un peu jaunâtre. Les tiges sont couchées sur les rochers, sans toutefois être pendantes. Les feuilles, surtout les supérieures, sont anguleuses, à angles souvent très aigus. Contrairement à ce que nous avions supposé au premier abord, les fleurs sont peu nombreuses, et la comparaison avec la Campanula Portenschlagiana était prématurée. Quoique délicate, nous la supposons vivace. La figure représente les tiges trop ascendantes, elles sont plus couchées. Cette plante est plus ou moins répandue sur les rochers des environs d'Aliva. Comment se fait-il que nous l'ayons si peu entrevue en 1878 ? Cela s'expliquerait-il par l'abondance des neiges de l'hiver 1879, qui auraient été favorables à son développement ?

En descendant le col dont nous avons parlé plus haut par le

flanc occidental, que nous avions à notre gauche, on rencontre *Anemone Pavoniana*, Boiss., herbier (en fruits le 14 juillet 1879) ; Avena sulcata, Gay; Arenaria montana, L.; Pedicularis Pyrenaica, Gay ; Anthyllis Webbiana, Boiss.

Quand on est parvenu au bas de la descente on suit, pour aller à Aliva, un chemin qui sert au camionnage du minerai; le long de ce chemin, nous avons cueilli Saxifraga canaliculata, Boiss. et Reut.; sur les rochers, Ranunculus Aleæ, Willk.; dans le chemin avec Conopodium Bourgæi, Coss. et un Polygala peut-être nouveau, qu'il reste à examiner ultérieurement. La même espèce croît aussi dans les hautes montagnes de l'Ebre, au nord-ouest de Reynosa. (28 juillet 1862, Leresche.) Nous parvenons enfin le soir à Aliva.

ALIVA ET LES MONTAGNES ENVIRONNANTES
(8-10 juillet 1878 et 10-14 juillet 1879).

Les chalets d'Aliva sont situés au centre des pâturages de ce nom. A côté des bâtiments qui servent aux vachers et à l'industrie laitière est venu s'ajouter un bâtiment qui sert aux employés des mines. Grâce aux recommandations dont nous étions munis, on approprie à notre usage la chambre de l'ingénieur. Une pièce à côté, chauffée par une grossière cheminée de fer, très appréciée par des gens qui ont à faire sécher chaussures et vêtements, est mise très obligeamment à notre disposition. Une grande table rustique, à laquelle manque le tapis de Turquie, sert tour à tour à nos repas et à nos étalages de plantes en dessication. Après notre arrivée, du vin chaud ne tarde pas à nous réconforter. Nos préparations botaniques terminées, on nous sert à souper par les soins de M. David Ravey. Heureux de trouver à six mille pieds un tel gîte.

Le lendemain 11 juillet 1879, journée magnifique, qui nous permet de contempler dans toute leur grandiose majesté les montagnes environnantes. Nous décidons d'explorer la montagne qui domine Aliva au nord-est. Elle est une dépendance déjà bien abaissée de la Penna Vieja. Nous devons traverser un ruisseau qui coule à peu de distance à nos pieds. Nous remontons de l'autre côté contre une petite paroi de rochers abondamment couronnée par le Genista Lobelii, DC., en fleurs. Au bas du rocher, des touffes de Caryolopha sempervirens, Fisch, déjà fleurie, et dans les fissures de nombreux échantillons de Campanula acutangula, Leresche et Levier, les plus beaux et les plus développés que nous ayons encore trouvés, mais cependant pas encore fleuris. Impatients d'atteindre de plus grandes hauteurs, nous avons bientôt dépassé ce premier rocher. Nous montons à travers des pâturages pierreux où croît abondamment le Carex Asturica, Boiss.[1]. Nous rencontrons, dans des terrains écorchés, l'Iberis petræa, Jordan ; Alyssum montanum, L. ; Matthiola... ; Astragalus depressus, L. ; Jurinea Pyrenaica, G. et G.; Carduus Carpetanus, Boiss. et Reut.; Erodium petræum, Willd ; Carex humilis, Leyss ; Erysimum... ; Barbarea prostrata, Gay. Enfin, nous atteignons le rocher qui forme comme l'épine dorsale de cette portion de la montagne, et presque aussitôt nous voyons quelques échantillons de l'Anemone Pavoniana, Boiss., que nous avions si peu trouvée l'année précédente, et sur le dos du rocher quelques échantillons fleuris de Draba Dedeana, Boiss. Nous le contournons pour passer sur son flanc nord-est. Ses sinuosités sont bordées de Daphne Philippi, G. G. Quoique ayant le pied dans la neige, il est déjà fleuri. Non moins précoce, l'Anemone Pavoniana, Boiss. blanchit de ses fleurs le terrain environnant[2].

Pour attirer l'attention des botanistes sur cette espèce ignorée jusqu'ici, nous reproduisons la description que nous en avons

[1] Au dire des gens de la montagne, cette plante est un poison pour les chevaux.

[2] A notre retour en Suisse, nous avons trouvé cette plante, sous ce nom inédit, dans l'herbier de M. Boissier. Elle provient de Pavon. Deux échantillons sont étiquetés de sa main *A. Alpina*. Un troisième échantillon, provenant aussi de l'herbier Pavon, est étiqueté d'une autre main *A patens*, L. Mais ni la localité, ni la date, ni le collecteur ne sont indiqués. M. Boissier avait écrit au bas de la feuille : *Hispania ? ? herb. Pavon.*

donnée dans le *Journal of Botany* de Londres, numéro de juillet 1879 :

« ANEMONE PAVONIANA, *Boissier* herbier (sect. *Eriocephalus*). — Perennis rhizomate abbreviato fibrillifero, collo fibrilloso, caulibus. tenuibus adscendentibus pilis longis sparsis obsitis 2-3 floris rarius unifloris, foliis radicalibus ternatim decompositis segmentis ovatis in lacinias lineari-cuneatas acutas trifidas partitis, petiolo et petiolis secundariis elongatis pilosulis, foliis involucralibus ternis conformibus sed valde diminutis sessilibus a flore longo intervallo remotis, flore mediocri, petalis 7-8 albis oblongo-ellipticis lineatim venosis extus adpresse hirtis, carpellis semiorbiculatis lanatis stylo glabro recurvo longioribus in capitulum globosum dispositis.

« *Habitat* in regione alpina jugi « Picos de Europa » provinciæ Santander Hispaniæ borealis loco « Las Gramas » dicto, alt. circ. 7000. Extant quoque in Herbario Boissierano specimina ex herb. Pavon sub nomine *A. Alpinæ* quorum locus non inicatus sed probabiliter in Alpibus Asturicis lecta.

« Planta cum pedunculis $1/2$-1 pedalis folia radicalia supra pedunculi divisionem 2-3 pollices longa et lata, laciniæ eis *A. alpinæ* angustiores et acutiores, flore magnitudinis eorum *A. baldensis* cui affinis est sed quæ rhizomate elongato repente, caulibus pumilis semper unifloris, foliis minus divisis, carpellorum spica ovato-oblonga, stylis rectis carpello æquilongis differt. »

Le long de cette même pente herboso-rocailleuse, nous cueillons encore Gentiana acaulis, L.; Gentiana verna, L.; Ranunculus gramineus, L, et abondamment une forme curieuse d'Hutchinsia alpina, R. Br.; var. gracilis, Nob.

Le 9 juillet 1878 et 12 juillet 1879 partant d'Aliva, nous faisons une riche herborisation à Las Gramas en parcourant la base de la Penna Vieja. Pour commencer, nous explorons un chaînon de rochers, qui dominent de loin Aliva, en s'interposant entre cette station et les immenses rochers de la Penna Vieja. Les premiers rochers détachés, qui forment l'avant-garde, nous présentent la Draba Dedeana, Boiss. Le frontispice principal de ces rochers est excavé en galeries demi-couvertes bien tournées au midi. Là, croissent Genista Lobelii, DC; Juniperus nana, Willd; Rhamnus pumila, L. ; Astragalus depressus, L. ; Vicia Pyrenaica, Pourr. ; Reseda glauca, L. ; Erinus hispanicus, Pers. ; Linaria origanifolia, DC. ; Astragalus Monspessulanus, L. ; Potentilla micrantha, Ram. ; Arabis auriculata, Lam. ; Silene Saxifraga, L.; Helleborus fœtidus, L.; Saxifraga canaliculata, Boiss. et Reut. ; Helianthemum grandiflorum, DC. ; Globularia nana, Lam.; Erophila majuscula, Jordan; Festuca pumila, Villars; Androsace villosa, L. ; Valeriana tuberosa, L. ; Petrocoptis pyrenaica, A. Br., etc.

A l'ouest de ce chaînon de rochers et à la base de la Penna Vieja s'étendent de vastes graviers en éboulement. Le 12 juillet 1879, ils étaient entièrement ensevelis sous la neige. Nous les avions visités le 9 juillet 1878. Nous y avons récolté alors Linaria filifolia, Boiss. et Reut., superbe; Iberis petræa, Jord.; Anthyllis Webbiana, Boiss.; Armeria cantabrica, Boiss.; Saxifraga ajugæfolia, L.; Arenaria purpurascens, Ram.; Linaria pyrenaica, DC.; Draba Dedeana, Boiss.; Asperula hirta, Ram.; Arenaria grandiflora, All. ; Ranunculus amplexicaulis, L. ; Scilla verna, Huds. ; Medicago suffruticosa, Ram. ; Trifolium cæspitosum, Reyn.; Androsace villosa, L. ; Arabis cantabrica, nov. sp., voisine de l'Arabis alpina, L. Nous reproduisons ici la description que nous en avons donnée dans le « Decas plantarum novarum in Hispania collectarum : »

« ARABIS CANTABRICA, *Leresche et Levier.* — Perennis, cæspitosa, multicaulis, stellatim pubigera. Caulibus adscendentibus, irregulariter arcuatis flexuosisve, simplicibus vel parce ramosis. Foliis radicalibus rosulatis, oblongis basi attenuatis; caulinis alternis, sessilibus elongatis; omnibus crenato-dentatis acutiusculis; siliquis laxis, pedicello pubescente semipatente duplo triplove longioribus, glabris, complanatis, torulosis. Calycibus extus pubescentibus, luteolis, basi gibbosis, corolla duplo fere brevioribus. Petalis albis stamina paululum superantibus, integris obtusis. Stigmate capitato. Seminibus... immaturis. »

« Adspectu magnitudineque *A. alpinam* inter et *serpyllifoliam*
media. Ab *Arabide alpina* floribus duplo et ultra minoribus, statura
minori, petalis angustioribus, foliis minoribus caulinis exauriculatis
differt. Ab *Arabide serpyllifolia*, Villars, foliis crenato-dentatis nec
integris, ovato acutis, nec spatulatis. Pedicellis longioribus hirtulis
nec abreviatis glabrisque : siliquis latioribus[1], torulosis, nec angustis
lævibus et stylo valde acutatis. *Arabis muralis*, Bertol., longius
distat et a nostra multum differt caulibus firmioribus strictis, floribus majoribus, siliquis adpressis, brevius pedicellatis, rosula foliorum radicalium compacta.

« Die 9 Julii, 1878, in lapidosis calcareis Alpinis 6500-7000 p. s. m.
editis montium « Picos de Europa » Cantabriæ, supra vicum Potes,
nostram speciem legimus. »

Toujours longeant la base méridionale de la Penna Vieja, nous
atteignons une route de montagne[2] sur laquelle nous cueillons
la Barbarea prostrata, Gay ; Lepidium Smithii, Hook. Le 12 juillet
1879, cet endroit était récemment découvert de neige. Nous y
cueillons quelques vernalités, qui étaient défleuries l'année précédente à la même époque. Par exemple, un Thlaspi de la
section du Thlaspi alpestre, L. ; une Viola de la section de la Viola
arenaria, All. ; et surtout le charmant Narcissus nivalis, Grælls.

Au point culminant de la route, elle serre de près le contour
du rocher qui forme la base sud occidentale de la Penna Vieja.
Là, nous avons cueilli en 1878, dans les rocailles contre le rocher, le rare Euphorbia chamæbuxus, Bernard ; et l'Euphorbia
polygalæfolia, Boiss et Reut. ; et en 1879, vis-à-vis de l'autre
côté de la route, l'Arabis cantabrica, Leresche et Levier ; l'Iberis
petræa, Jordan ; Armeria cantabrica, Boiss. A partir de là, on
descend à l'ouest et l'on arrive en quelques minutes au chalet
de Las Gramas. Dans ce trajet, on rencontre Dethavia tenuifolia,
Endl. ; Meum athamanticum, Jacq. ; Scilla verna, Huds. ; Narcis-

---

[1] 1 ¼ millim. latis, 25-28 millim. longis.

[2] Cette route a été construite pour faciliter le transport du minerai de
zinc.

sus nivalis, Grælls; Potentilla Nevadensis, Boiss.; Conopodium Bourgæi, Cosson. ; Ranunculus Aleæ, Willk.

Ce chalet de Las Gramas est en état de dégradation qui ne permettrait pas de s'y arrêter pour y passer la nuit. Le 9 juillet 1878, nous avons prolongé cette course en tournant au nord pour monter dans un vallon alpin qui s'étend derrière la Penna Vieja, à son ouest. Mais avant de le parcourir, un petit lac peu étendu et peu profond, d'une eau limpide, ne contenant aucune plante aquatique, nous invite à nous reposer sur ses bords pour prendre un repas dont nous commencions à sentir le besoin. Là, nous voyons le Ranunculus demissus, DC. Ce vallon élevé, situé près des derniers confins de la végétation, est rempli de pierrailles en éboulement. Il est moins riche que les pierriers que nous venions de parcourir deux ou trois heures auparavant de l'autre côté de la montagne. Cela peut tenir à une exposition moins favorable ou à une plus grande altitude[1]. Dans la partie supérieure de ce pierreux désert, nous vîmes de loin trois chamois qui jugèrent prudent d'esquiver notre approche en se réfugiant dans de plus hautes retraites. La journée était trop avancée pour nous permettre de tenter l'ascension des hautes cimes. Nous devions songer au retour. Il n'était guère possible de l'effectuer sans reprendre la même route; mais rentrés dans le vallon d'Aliva, nous varions le chemin en abrégeant à travers les pâturages, ce qui nous offre quelques espèces que nous n'avions pas encore vues. Ainsi, par exemple, Anemone vernalis, L.; Jasione carpetana, Boiss. et Reut.; Sedum brevifolium, DC.; S. atratum, L.; Primula elatior, Jacq.; Cardamine latifolia, Vahl, ce dernier au bord des ruisseaux; Viola biflora, L.; Pinguicula grandiflora, Lam.; Oreochloa pedemontana, Boiss. et Reut., etc.

Ce même jour, M. David Ravey était allé à la découverte dans les environs et nous rapportait de magnifiques échantillons de Saxifraga aretioides, Lapeyr. Cette trouvaille nous décide de

---

[1] Le 12 juillet 1879 tout ce vallon était encombré de neige.

faire une herborisation, le 13 juillet 1879, à la base de la Penna Vieja. Un ruisseau qui en descend passe sous les chalets d'Aliva. Nous le remontons en suivant sa rive droite. De l'autre côté du chemin est une paroi de rochers dont nous longeons la base. Dans ces rochers croissent de grosses touffes de Dethawia tenuifolia, Endl.; le Genista hispanica, L.; la Campanula acutangula, Ler. et Lev., et, au bord du chemin, le Sisymbrium austriacum, Jacq.; Lithospermum prostratum, Lois.; Astragalus glycyphyllos, L. On arrive bientôt à des puits de mineurs, à l'orifice desquels ces taupes humaines rejettent des monceaux de gravier; sur quelques rocailles du voisinage nous cueillons Arenaria purpurascens, Ramond; Iberis petraea, Jordan; Armeria cantabrica, Boiss.; un Erysimum à grandes fleurs jaunes plus ou moins multicaule, à tiges simples, mais n'ayant pas encore de siliques.

La paroi de rochers qui nous serrait de près en commençant s'est éloignée sur la hauteur du côté du sud-ouest. Pour la rejoindre, nous gravissons une pente herbeuse. Çà et là quelques pierrailles sortent du gazon. Nous y voyons abondamment le Saxifraga conifera, Cosson, quelques exemplaires de Jurinea pyrenaica, G. et G., et de l'Anthyllis Webbiana, Boiss. La Scilla verna, Huds., est fréquente dans ces pâturages encore humides de la fonte des neiges. Sur un rocher se montre un buisson de Sorbus aria, Crantz. C'est le dernier exemplaire de végétation arborescente dans cette région. Parvenus à la paroi de rochers, nous en suivons un étage très étroit. C'est là que se trouve le Saxifraga aretioides dans les expositions au nord. Au-dessous de ces rochers croissent aussi l'Anemone pavoniana, Boiss.; le Daphne Philippi, G. G.; l'Anthyllis Webbiana, Boiss.; l'Helleborus viridis, L.; forma occidentalis, Reuter. Nous rentrons à Aliva chargés de notre butin. La journée était belle et avait attiré un certain nombre de visiteurs, même des femmes venues de la contrée inférieure. Elles apportaient à leurs maris mineurs ou vachers les provisions dont ils avaient besoin. Nous avions formé le projet de passer d'Aliva à Andara, qui est une autre station plus élevée et plus au sud, où il existe une maison plus confortable que le logement d'Aliva. Mais il aurait fallu traverser une haute chaîne encoré entièrement dans la neige, ainsi que la maison d'Andara. Il fallut y renoncer.

Outre les espèces que nous avons mentionnées en rendant compte de nos herborisations, nous indiquerons encore les suivantes que nous avons remarquées ici ou là dans les pâturages d'Aliva ou dans les montagnes environnantes :

Anemone nemorosa, L.	Trifolium cæspitosum, Reyn.
Ranunculus montanus, Willdn.	T. repens., L.
R. acris, L.	T. pratense, L.
Caltha palustris, L.	Lotus corniculatus, L.
Berberis vulgaris, L.	Oxytropis pyrenaica, G. G.
Arabis alpina, L.	Hippocrepis comosa, L.
Helianthemum canum, Dunal.	Geum rivale, L.
H. grandiflorum, DC.	Potentilla nivalis, Lap.
H. alpestre, DC.	Rosa alpina, L.
H. glaucum, Cav.	Alchemilla alpina, L.
Silene ciliata, Pourr.	Alchemilla vulgaris, L.
S. acaulis, L.	Amelanchier vulgaris, Mœnch.
Gypsophila repens., L.	Sedum album, L.
Dianthus armeria, L.	Sedum dasyphyllum, L.
Sagina Linnæi, Presl.	Sedum acre, L.
Alsine verna, Bartl.	Saxifraga rotundifolia, L.
A. Villarsii, M. et K.	S. aizoon, Jacq.
Arenaria serpyllifolia, L.	S. granulata, L.
A. grandiflora, All.	Trinia vulgaris, DC.
Cerastium arvense, L.	Galium cruciata, Scop.
Malva rotundifolia, L.	Galium verum, L.
Geranium pyrenaicum, L.	Valeriana tuberosa, L.
G. lucidum, L.	Adenostyles albifrons, Rchb.
G. robertianum, L.	Bellis perennis, L.
Hypericum nummularium, L.	Gnaphalium dioicum, L.
H. burseri, DC.	Cirsium eriophorum, Scop.
Genista sagittalis, L.	Carduus gayanus, Boiss.
Medicago lupulina, L.	Carduncellus mitissimus, DC.

Centaurea lingulata, Lag.
Taraxacum officinale, Wigg.
Jasione carpetana, Boiss. et Reut.
Vaccinium myrtillus, L.
Calluna vulgaris, Salisb.
Erica arborea, L.
Primula elatior., Jacq.
Echium vulgare, L.
Myosotis alpestris, Schmidt.
Linaria alpina, DC.
L. pyrenaica, DC.
L. origanifolia, DC. var.
Veronica serpyllifolia, L.
V. teucrium, L.
Pedicularis foliosa, L.
P. rostrata, L.
Thymus serpyllum, L.
Calamintha alpina, Lam.
Clinopodium vulgare, L.
Lamium album, L.
Prunella vulgaris, L.
Ajuga pyramidalis, L.
Plantago media, L.
P. lanceolata, L.
Globularia nudicaulis, L.
G. vulgaris, L.
G. nana.
Chenopodium bonus Henricus, L.
Polygonum viviparum, L.
Salix reticulata, L.
Juniperus nana, Willdn.
Orchis conopsea, L.

Merendera bulbocodium, Ram. (En fruits.)
Crocus vernus, L. (En feuilles seulement.)
O. mascula, L.
O. viridis, Crantz. (Satyrium viride, L.)
Nigritella angustifolia, Rich.
Luzula pediformis, DC.
Carex glauca, Scop.
C. sempervirens, Vill.
C. præcox, Jacq.
C. humilis, Leyss.
C. ornithopoda, Willdn.
C. flava, L.
Sesleria cærulea, Ard.
Oreochloa pedemontana, B., R.
Catabrosa aquatiqua, P. B.
Poa annua, L.
P. alpina, L.
Dactylis glomerata, L.
Festuca pumila, Villars.
Festuca spadicea, L.
Nardus stricta, L.
Ceterach officinarum, Willdn.
Blechnum, Spicant., Roth.
Asplenium trichomanes, L.
A. viride, Huds.
A. ruta muraria, L.
Cystopteris fragilis, Bernh.
Aspidium lonchitis, Sw.
A. aculeatum, Koch.

Toutes les espèces qui précèdent s'élèvent à Aliva et montagnes environnantes jusqu'à l'altitude de 6000 pieds au-dessus de la mer ou au delà. Il va sans dire qu'une bonne partie d'entre elles descendent aussi plus bas.

RETOUR A POTES ET UNQUERA. GÉNÉRALITÉS

Le 14 juillet 1879 (et 10 juillet 1878), nous quittons Aliva pour retourner à Potes, non sans herboriser en descendant. Nous remarquons encore dans la région des pâturages, limitant la région supérieure des bois, la Pedicularis foliosa, L.; un peu plus bas, dans un bois rocailleux, le Daphne Philippi, G. G.; beaucoup plus bas, dans la région du chêne, Aquilegia vulgaris, L., var. viscosa ; le Genista hispanica, L., et G. sagittalis, L. Dans la région des cultures, Dorycnium suffruticosum, Vill.; Silene nutans, L.Dans le fond de la vallée, région de la vigne : Rhamnus alaternus, L.; Quercus ilex, L.; Fraxinus excelsior, L.; Lonicera periclymenum, L.; Prunus spinosa, L.; Lathyrus aphaca, L.; Pyrethrum corymbosum, Willdn.; Anchusa italica, Retz. Tout le long de la route, nous rencontrons un grand nombre de paysans et paysannes qui reviennent du marché de Potes (lundi) et s'en retournent dans leurs villages. Ils sont à cheval, à mulet ou à pied. Plusieurs de ces derniers ont pour chaussure des sandales en bois auxquelles sont adaptés en dessous trois supports d'un à deux pouces de hauteur, un sous le talon, deux sous l'avant-pied, évidemment destinés à affronter la boue des chemins; cette chaussure est aussi très usitée dans les Asturies.

En 1878, nous sommes descendus de Potes pour retourner à Unquera en suivant les gorges de la Deva. Ce trajet nous offre encore, dans la région de la vigne : Galactites tomentosa, Mœnch ; Psoralea bituminosa, L.; dans les gorges : Pistacia terebinthus, L.; Genista hispanica, L.; Clematis vitalba, L.; Ligusticum pyrenaicum, Gouan ; Campanula rotundifolia, L.; Chlora perfoliata, L.; Digitalis parviflora, Jacq.; Rumex scutatus, L.; Crepis albida, Vill.; Lactuca tenerrima, Pourr.; Androsæmum officinale, All.; Centranthus angustifolius, DC.; Adianthum capillus Veneris, L.; Scolopendrium officinale, Sm. Entre la sortie des gorges et Unquera : Daboecia polifolia, Don.; Ulex europæus, Sm.; Castanea vulgaris, Lam.; Sambucus nigra, L.; Digitalis purpurea, L.;

Corylus avellana, L.; Serapias cordigera, L.; Vulpia ciliata, Link, etc.

Nous ne quitterons pas cette remarquable chaîne de montagnes sans présenter quelques observations. Elle nous a paru entièrement calcaire, du moins dans la portion que nous avons parcourue. Dès lors, il nous semble que des géologues peuvent espérer d'y rencontrer des fossiles. Elles ont des mines en plusieurs endroits. Autre sujet d'étude pour des minéralogistes. La nature géologique du pays explique, au moins en partie, la différence de végétation qu'on peut remarquer entre cette chaîne et d'autres chaînes cantabriques. Ainsi, par exemple, on ne retrouve plus ici cette abondance d'éricacées qu'on rencontre le long du littoral du nord de l'Espagne et qui remonte en beaucoup d'endroits le long des chaînes qui le dominent. Aux Picos de Europa, nous n'avons vu ni l'Erica ciliaris, L., ni l'Erica tetralix, L.; ni l'Erica Mackay, Hook, ni même l'Erica cinerea, L. Les autres espèces qu'on y rencontre sont rarement abondantes et ne forment pas région. Un autre déficit de cette chaîne, c'est ces génistées si abondantes dans les montagnes siliceuses du nord de l'Espagne : Genista obtusiramea, Gay; G. tridentata, L.; G. purgans. L.; G. cinerea, DC.; G. micrantha, Ort.; G. scoparia, L. Le Genista florida, Lam. (un peu plus méridional, il est vrai), n'y vient pas non plus, et pas davantage le Cytisus albus, Link. Les Ulex et l'Adenocarpus complicatus, Gay, ne s'éloignent pas de la côte maritime et n'entrent pas dans la portion de la chaîne que nous avons parcourue. La cohorte des génistées, si nombreuse ailleurs en Espagne, est représentée, pour la région moyenne des Picos de Europa, par le Sarothamnus cantabricus, Willk., et, pour la région supérieure, par le Genista Lobelii, DC., qui abonde sur les rochers. Les Genista leptoclada, Gay, G. hispanica, L., et G. sagittalis, L., jouent un rôle plus secondaire.

Nous n'entreprendrons pas de dresser le bilan de ce que chaque famille fournit dans ces montagnes et de ce qui lui manque. Nous n'avons vu qu'une trop courte période de l'évolution végétale, à peine une semaine. (8 à 15 juillet.) A ce moment de l'année, les familles qui nous ont paru le mieux représentées sont les renonculacées, les crucifères, les alsinées, les saxifragées, les rhinanthacées. Comparativement à leur importance numérique, les légumineuses, les composées, les graminées le sont moins bien.

Les Picos de Europa ont de nombreux rapports de végétation avec les Pyrénées. Ces dernières, plus élevées, plus étendues et touchant à deux mers, sont bien plus riches. Les espèces suivantes que nous avons récoltées, ou vues, aux Picos de Europa ne sont mentionnées en Espagne que dans les Pyrénées ou leurs prolongements dans la haute Catalogne ou le haut Aragon, et constatent ainsi la parenté de végétation qui existe entre ces deux chaînes.

Ranunculus amplexicaulis, DC.	P. micrantha, Ram.
Anemone vernalis, L.	Saxifraga aretioides, Lap.
Iberis petraea, Jord.	S. ajugaefolia, L.
Dianthus Requienii, G. G.	Dethawia tenuifolia, Endl.
Silene acaulis, L.	Asperula hirta, Ram.
Arenaria purpurascens, Ram.	Pedicularis pyrenaica, Gay [1].
Hypericum nummularium, L.	Daphne Philippi, G. G.
Oxytropis pyrenaica, Gay.	Carex ornithopoda, Willdn.
Trifolium cæspitosum, Reyn.	C. sempervirens, Villars.
Potentilla nivalis, Lap.	

Les espèces suivantes qui croissent dans les Picos de Europa sont aussi éminemment pyrénéennes, mais se retrouvent, en outre, dans d'autres endroits de l'Espagne :

Cardamine latifolia, Vahl.	Reseda glauca, L.
Barbarea prostrata, Gay.	Viola biflora, L.
Petrocoptis pyrenaica, A. B.	Silene ciliata, Pourr.
Linum viscosum, L.	Vicia orobas., DC.
Hypericum Burseri, DC.	Vicia pyrenaica, Pourr.

[1] Exclusa Pedicularis mixta, G. G., quæ diversa species est.

Medicago suffruticosa, Ram.
Sedum brevifolium, DC.
Eryngium Bourgati, Gouan.
Androsace villosa, L.
Daboecia polifolia, Don.
Teucrium pyrenaicum, L.
Pedicularis foliosa, L.

Polygonum viviparum, L.
Euphorbia chamæbuxus, Bern.
Scilla liliohyacinthus, L.
Scilla verna, Huds.
Fritillaria pyrenaica, L.
Festuca spadicea, L.

Après les Pyrénées, c'est incontestablement avec les Cantabres, les hautes montagnes de Léon et les Asturies que la chaîne des Picos de Europa a le plus de rapport pour la végétation. Cette dernière chaîne dépasse les autres en altitude. Celle qui s'en rapproche le plus est, croyons-nous, le *Cerro Prieto* qui ressort à la province de Léon et qui est situé un peu plus au midi que les Picos de Europa, à l'ouest de Potes et au nord de Cervera. Cette montagne paraît avoir été peu ou point visitée par les botanistes et mériterait de l'être.

Est-ce qu'on trouvera peut-être aussi au Cerro Prieto ou sur d'autres chaînes du voisinage les unes ou les autres des espèces que nous avons signalées dans les Picos de Europa et qu'on n'a pas encore trouvées ailleurs, par exemple : Anemone pavoniana, Boiss.; Aquilegia discolor, L. et L.; Arabis cantabrica, L. et L.; Pimpinella siifolia, Leresche; Campanula acutangula, L. et L.; Linaria faucicola, L. L.; Linaria filicaulis, Boiss. Seule cette dernière était déjà connue à Pena de Curavacas, au nord de Cervera, où M. Boissier l'avait cueillie en 1858. (Elle était restée inédite dans son herbier.) Il n'est pas probable que ces espèces restent cantonnées dans une localité aussi restreinte.

Il est surprenant que les montagnes si pittoresques des Picos de Europa aient échappé jusqu'ici aux investigations des naturalistes. Elles ne sont mentionnées qu'une ou deux fois dans la « Flora hispanica » de Willkomm et Lange, par exemple, à propos de l'Androsace villosa. La mention de cette espèce indique un amateur qui s'est élevé jusqu'aux régions supérieures de ces montagnes. Comment se fait-il qu'il n'ait pas rencontré quelques-

unes des nombreuses raretés qu'elles recèlent. Les ingénieurs
et les industriels en quête de métaux et de mines paraissent être
les premiers et presque les seuls qui aient visité ces montagnes.
Elles ne sont à la portée immédiate d'aucune route un peu fréquentée. Celle qui conduit de Santander à Oviedo se rapproche
de la mer. Des montagnes de moindre élévation lui masquent la
vue des Picos de Europa, situés derrière, plus au midi. Potes
est une espèce de cul-de-sac trop peu considérable pour attirer
des voyageurs en les détournant de la route maritime.

En contribuant pour notre part à attirer l'attention des botanistes sur cette chaîne, nous espérons qu'un jour ou l'autre
quelque collecteur se décidera à en faire l'objet d'une exploration plus longue et plus détaillée. Si l'on considère que nous
n'avons vu qu'une faible portion de ces montagnes, pendant un
court moment de l'année; qu'au-dessus des régions que nous
avons parcourues il restait encore une zone rocailleuse d'environ 2000 pieds d'altitude jusqu'aux cimes que nous n'avons pas
pu atteindre; que nous n'avons rien vu des pentes plus prolongées qui descendent au nord : on comprendra qu'il y ait bien
des chances de rencontrer encore beaucoup de plantes intéressantes. En ajoutant à l'aire d'exploration quelques montagnes
et vallées environnantes, il y aurait de quoi occuper un collecteur pendant toute une saison et le dédommager de ses peines.

TRAVERSÉE DE POTES A CERVERA

(16 juillet 1879.)

A six heures du matin, une tartane couverte de toile et attelée
de deux bêtes reçoit nos personnes et nos volumineux bagages.
Douze lieues environ nous séparent de Cervera à travers une
région montagneuse. Pendant 20 minutes, nous descendons le
cours de la Deba que nous allons abandonner. Un pont nous
fait passer un de ses affluents. Il descend d'une vallée que nous
allons remonter en suivant son flanc oriental. Cette contrée fait

partie de la Llebana. Les premières lieues ne nous offrent rien
de bien remarquable. De petits et rares villages; de temps en
temps de belles forêts. A mesure que nous montons, le pays
devient plus sauvage. Nous mettons pied à terre. Les bords de
la route nous offrent un mélange de plantes pyrénéennes : Avena
sulcata, Gay; Crepis lampsanoïdes, Frœl.; Valeriana pyrenaïca,
L.; Saxifraga hirsuta, et de plantes des Asturies : Linaria triornithophora, DC.; Epilobium Duriæi, Gay; Brassica   ;
Doronicum austriacum, Jacq., auxquelles se mêlent la Stellaria
holostea, L.; l'Arenaria montana, L. Plus on s'élève, plus les
génistées abondent : Sarothamnus cantabricus, Willk., généralement en fruits, encore en fleurs dans la partie supérieure du
passage; le Genista leptoclada, Gay, magnifiquement fleuri.
Un peu avant le sommet du col, quelques buissons de Genista
obtusiramea, Gay; dans les bois, quelques pieds de Luzula lactea, Link, et la Thapsia villosa, L. Plus on s'élève, plus la
chaîne des Picos de Europa grandit, étalant dans le lointain
ses resplendissantes cimes aiguës et neigeuses. Elles ferment l'horizon à notre nord. C'est, dans des proportions plus restreintes, un
tableau d'Alpes suisses. A l'opposite, à notre sud et près de nous
s'élèvent une ou deux sommités qui conservent quelques dernières
traces de neige prête à disparaître. La route, toujours belle et bien
tracée, fléchit de plus en plus vers l'ouest, pour tourner la base
de la Penna Labra[1]. Un peu avant le sommet, nous voyons une
Armeria et l'Euphorbia hiberna, L. Enfin, nous atteignons le
sommet du passage (4500 pieds au-dessus de la mer environ.)
Au moment de commencer à descendre, un pauvre village pos-
sédant église se montre à nous. Nous faisons halte sans dételer.
A l'autre bout du village, dans une maison loin de la route,
nous trouvons du vin qui nous paraît d'autant meilleur qu'il a
été conservé dans une station plus élevée. C'est à peu près tout

---

[1] La Penna Labra est évaluée par les cartes de géographie à 6160 pieds
au-dessus de la mer; elle est sur la limite des provinces de Santander au
nord et de Palencia au sud.

ce qu'on peut nous offrir. Nous reprenons à pied notre marche par un sentier qui abrège en descendant par une gorge rocailleuse. (Hieracium bombycinum, Boiss.; Dianthus indet:.) A la sortie méridionale de cette cluse, nous remontons en voiture, le pays s'ouvre et change de caractère : des prairies monotones, à leur moment de fanaison, de maigres cultures montagneuses, quelques bois de chênes rabougris, vrai pays de chasse. Un chaînon de rochers bizarrement découpés en dents de vieille femme. Puis la route descend vers le sud. Un ou deux lacets en modèrent la pente. De là, en demi-heure, on arrive à *Cervera*[1], petite ville très rustique, sans commerce ni industrie, mais toute campagnarde et entourée de montagnes. Deux cours d'eau de peu d'importance traversent son territoire et se réunissent; un peu plus au midi, leurs eaux vont à la Pisuerga et de là au Douro, plusieurs lieues plus loin. Les pentes incultes d'une colline qui domine la ville sont parcourues par des moutons. C'est assez dire que le botaniste n'y trouve pas grand' chose[2]. Quelques lieues au nord-est, on aperçoit des montagnes qui conservent encore de la neige. Elles doivent être le point de départ de l'Ebre naissant. Du moins, nous le supposons ainsi. A l'ouest commence une chaîne de montagnes calcaires qui vont s'élevant davantage en s'éloignant de Cervera. Au midi, une paroi de roches verticale, de médiocre élévation, termine l'horizon. Quelques arbres fruitiers d'espèces complaisantes ne refusent pas absolument de croître dans les jardins les mieux abrités. Quelques mauvaises oranges viennent s'égarer sur la devanture d'une boutique, bien loin de leur pays et de leur climat. Des cerises peu appétissantes. C'est tout ce qui est offert à la gourmandise des passants. Les mœurs sont simples : une demi-douzaine de jeunes filles jouent aux quilles en pleine rue. Aucun gars ne leur dispute ce passe-temps. Nous élisons domi-

---

[1] Il y a plusieurs Cervera en Espagne. Celui-ci est Cervera del Rey.
[2] Le Silene legionensis, Lag.; le Sedum amplexicaule, DC.; le Thymus zygis., L.

cîle dans une modeste auberge, la meilleure de l'endroit. Une chambre à une fenêtre et trois lits est mise à notre disposition. Peu de meubles, pas d'insectes. Une chambrette attenante reçoit nos bagages; son unique table nous sert tour à tour d'atelier de dessication et de table à manger.

On peut supposer l'altitude de ce lieu à environ 1000 mètres. Le climat doit être sévère en hiver.

EXCURSION A PENNA REDONDA

(17 juillet 1879.)

En juillet 1858, pendant que M. Boissier faisait une autre course, M. Reuter était allé seul à la Penna Redonda et en avait rapporté le Saxifraga cuneata, W. Ce souvenir engage M. Boissier à nous proposer cette course. La Penna Redonda fait partie d'une série de trois ou quatre montagnes calcaires, situées à l'ouest de Cervera. Elles ont des sommets en croupes arrondies, tranchées en pentes rapides du côté du midi. Elles commencent à la sortie de Cervera et continuent pendant cinq ou six lieues, augmentant d'altitude en s'éloignant vers l'ouest (4000-6000 pieds au-dessus de la mer); la dernière conserve encore de la neige sur sa cime. Nous partons à cheval, longeant des prairies, traversant ensuite des bosquets de chêne. Là croissent Daboecia polifolia, Don.; Erica ciliaris, L.; Genista micrantha, Ort. Après ces bois clairs, on entre plus à l'ouest en pays de champs. Le long du chemin, sur les tertres, croît abondamment le Sedum amplexicaule, DC. Bientôt on traverse un ou deux villages. Dans leur voisinage, une ruine antique, de petite dimension, mais assez curieuse, atteste que le pays est habité de longue date. Nous abandonnons la charrière pour nous rapprocher de la base de la montagne et, laissant nos chevaux, nous gravissons la pente, montant chacun devant soi, selon sa préférence, à une certaine distance les uns des autres. Dans les rochers, au bas de la montagne, Arabis stricta, Huds.; Æthio-

nema saxatile, R. Br.; Hieracium bombycinum, Boiss.; Astrocarpus clusii, Gay; Matthiola tristis, R. Br.; Micropus erectus,
L.; Cistus laurifolius, L. Plus haut, dans les pierrailles, Globularia nana, Lam.; Astragalus aristatus, Lhérit.; Linaria origanifolia, DC.; Hieracium bombycinum, Boiss., beaucoup plus beau
qu'en bas; Festuca indigesta, Boiss. Les espèces suivantes, qu'on
ne rencontre que dans l'Espagne plus méridionale, nous ont
étonnés : Senecio minutus, DC.; Astragalus macrorrhizus, Cav.,
et surtout le Silene tejedensis, Boiss., dont MM. Boissier et Leresche ont rencontré chacun un échantillon.

Dans la partie supérieure de la montagne, le Saxifraga canaliculata, Boiss. et Reut., et le Saxifraga conifera, Cosson. Enfin,
parmi les blocs de rochers, le Polystichum rigidum, DC.

Descendant ensuite du sommet par la pente sud-est de la
montagne, nous avons récolté Arenaria capitata, Lam.; Paronychia polygonoïdes, DC.; Scutellaria alpina, L.; Crucianella
angustifolia, L.; Coris monspeliensis, L.; Dianthus brachyanthus,
Boiss.; Helichrysum stœchas, DC.; Sideritis hirsuta, L. Enfin,
dans des rochers à la base de la montagne, M. Levier a le bonheur de rencontrer le Saxifraga cuneata, Cav., objet de nos recherches dans la course de ce jour. Notre retour à Cervera, effec-
tué par le même chemin, ne nous offre rien de nouveau.

COURSE DE CERVERA A LA PENNA DE CURAVACAS

PAR M. BOISSIER

(18 juillet 1879.)

M. Boissier avait récolté le rare Trisetum hispidum, Lange,
en juillet 1858, dans la localité susdite. Cette plante nous tenait
beaucoup à cœur. Mais la Penna de Curavacas est fort loin de
Cervera. La contrée est presque déserte et ce n'était qu'à saut
de cheval qu'on pouvait aller et revenir d'un seul jour. M. Leresche se déclare incapable d'accomplir cette course dans ces
conditions. M. Levier, surchargé d'une énorme quantité de

plantes à soigner, y renonce. M. Boissier se décide et part dès les six heures du matin, accompagné d'un homme à cheval. Nous donnons le sommaire de cette course :

« Traversé pendant près de deux lieues les plateaux qui s'étendent au nord de Cervera, en laissant à gauche et à demi-lieue la chaîne de montagnes calcaires dont fait partie la Penna Redonda. Ces plateaux sont couverts soit de taillis de Quercus toza, soit de la même végétation que nous avons observée en allant gagner le pied de Penna Redonda.

» Je suis arrivé ainsi à une chaîne de hautes collines bordant au nord la plaine, collines boisées de chênes avec sous-bois d'hélianthèmes, génistées, etc.; ces collines sont très larges et mamelonnées; on s'y élève graduellement par de longs détours. Elles sont plus ou moins arrondies; on en redescend au nord par une gorge assez profonde, mais peu rocheuse. La traversée de ces collines est d'environ deux ou trois lieues.

» On arrive ainsi à une haute vallée, qui doit être celle du cours supérieur de la rivière *Carrion*. Cette vallée est plate, parfois un peu marécageuse; elle court entre ces collines que je viens de mentionner et une montagne plus élevée qui est le prolongement de Curavacas; soit les collines, soit la montagne sont primitives. J'ai suivi cette vallée, qui est presque de plain pied et qui peut se diriger d'abord pendant une heure de l'ouest au nord-est pour tourner ensuite au nord-ouest en contournant l'extrémité de la chaîne de Curavacas. C'est peu après ce changement de direction dans la vallée que croît sur les pentes, à droite, *in apricis*, parmi des sabines et des Genista, le *Trisetum hispidum*, Lange, en grosses touffes. Je n'ai pas été plus loin cette fois, mais dans mon premier voyage (juillet 1858) j'avais remonté cette vallée jusqu'au point où elle se rétrécit en gorge et se termine contre les sommités de Curavacas, très élevées et très accidentées avec de la neige en août et des lagunes, etc. (On les aperçoit de ce tournant de la vallée.) Cette chaîne de

Curavacas se relie sans doute au nord-ouest avec Penna Prieta qui n'en est pas éloigné, mais de quelle manière?

» Cette haute vallée est nue, ainsi que la chaîne de Curavacas, mais les hautes collines qui la bordent au sud et que j'ai traversées pour y arriver ont des chênes, des genêts, etc. Je crois avoir vu des saules le long de la rivière.

» Dans les fonds marécageux, Erica tetralix, L.; Pedicularis mixta, G. G.; Armeria species; Centaurea lagascana, Grælls.

» Point de cultures, mais quelques vaches ou chèvres, ce qui fait supposer qu'il doit y avoir quelques établissements pastoraux au moins temporaires. »

Là se termine le rapport que nous a fait de sa course M. Boissier, qui revint à Cervera le même soir, chargé d'une botte considérable de Trisetum hispidum et de quelques autres plantes. Parmi celles qu'il a vues ou rapportées, nous pouvons mentionner encore Helianthemum alyssoïdes, Vent.; Hypericum pulchrum, L.; Sedum anglicum, Huds.; Genista tridentata, L.; Sarothamnus purgans.; Erica australis, L.; Erica tetralix, L.; Festuca Lachenalii, Koch. (Triticum poa, Gaud.)

Pour bien explorer la contrée de Curavacas, il faudrait y consacrer deux jours ou même plus, au lieu d'un seul, et aller camper près de la lagune. C'était difficile avec la masse de plantes que nous traînions après nous.

HERBORISATION AU MIDI DE CERVERA
(18 juillet 1879.)

Pendant que M. Boissier court à Curavacas et que M. Levier soigne ses plantes à Cervera, M. Leresche fait seul une herborisation à travers le plateau qui s'étend sur la rive droite de la Pisuerga jusqu'à la paroi de rochers calcaires qui court en arc de cercle de deux lieues de développement de l'est à l'ouest, et ferme l'horizon de Cervera du côté du midi. A la sortie occidentale de Cervera, je traverse la rivière. Dans un canal d'une eau très limpide croît abondamment le Ranunculus fluitans., Lam., qui allonge extraordinairement ses tiges dans le courant. Dans un endroit où le sentier est serré entre un rocher et la rivière, je cueille l'Epilobium virgatum, Fries, et, près de là, le Genista micrantha, Ort. En s'éloignant de la rivière sur la droite, je traverse des terrains incultes et humides où croissent l'Erica tetralix, L.; la Daboecia polifolia, Don., et des joncs. De là, me dirigeant au midi vers la partie la plus élevée de la paroi de rochers qui termine l'horizon à la distance d'une bonne lieue, je traverse des prairies qui ne m'offrent rien d'intéressant que la Digitalis parviflora, Jacq. Bientôt le pays s'élève par un plan incliné, revêtu de champs, sur le bord desquels je cueille successivement Armeria castellana, Boiss. et Reut.; Silene legionensis, Lag., superbement fleuri; Euphorbia polygalæfolia, Boiss. et Reut.; Carduncellus mitissimus, DC.; Dianthus deltoïdeus, L.; Reseda indet.; Anthemis nobilis, L.; Onobrychis, sp. nov., etc. Espérant trouver autre chose, je traverse un terrain inculte, pierreux, durci par le temps, où je cueille Inula montana, L.; Scorzonera hirsuta, L.; Gnaphalium montanum, Huds. (Filago minima, Fr.), et un seul échantillon de Pistorinia hispanica, DC., qui est ici à l'état sporadique, ce qui permet de supposer que c'est la limite septentrionale de cette espèce. Enfin, quelques terrasses de champs montagneux et rapides, dont les maigres produits semblent une faible récompense pour les peines du cultivateur. Je n'y sais trouver que le Buplevrum rotundifolium, L.; Caucalis daucoïdes, L., et peu de chose d'autre. J'arrive ainsi à la paroi de rochers qui était de tout loin mon point de mire. Elle peut avoir de 150 à 200 pieds d'élévation, d'un roc calcaire, âpre, compact, grisâtre, donnant peu de prise à la végétation. Je ne puis qu'en suivre la base. Que faire d'autre en face d'une muraille verticale? Trois plantes attirent mon attention : le rare Saxifraga cuneata, Cav., déjà défleuri et en petit nombre d'échantillons; un seul pied d'Erodium petræum, Willk., et quelques touffes déjà brûlées par le soleil d'été de la Campanula hispanica, Willk.; que j'avais cueillie plus de 20 ans auparavant à la Sierra Aïtana près d'Alcoy, entre Valence et Alicante. A quelque distance plus à l'est, une fente du rocher aurait probablement permis d'en atteindre le sommet et aurait peut-être présenté quelque autre chose. Mais le soleil était près de se coucher; j'étais seul; j'avais encore une traite à faire pour revenir à notre auberge. Je me décide à battre en retraite, non sans contempler une dernière fois le paysage que j'avais devant les yeux. Coupant au court et marchant d'un pas accéléré, je rentre à Cervera, où mes compagnons de voyage commençaient à s'inquiéter de mon absence.

Nous donnons ici la description de l'Onobrychis que nous avons cueillie dans cette dernière course :

ONOBRYCHIS REUTERI, Leresche. Planta perennis multicaulis viridis pedalis, radice crassa; caulibus prostratis adscendentibusve adpresse pubescentibus striatis rubentibus parce ramosis pedunculis longe superatis. Foliis impari pinnatis 7-11 jugis; foliolis valde approximatis supra glabris subtus pubescentibus nervosis obverse ovalibus, foliorum superiorum lanceolato-linearibus; stipulis scariosis triangulari lanceolatis acutis, longitudinem foliolorum æquantibus. Pedunculis longitudine folia 2°-3°-ve superantibus, eorum parte nuda fructiferam longitudine duplo superante. Floribus parvis roseis breviter bracteolatis, vexillo striato carinam paulo superante. Calyce villoso, tubo longitudine dentibus fere bisuperato. Corolla dentibus calycis longiore. Leguminibus pubescentibus semicircularibus, margine ventrali spinigera, spinis 6-7 longitudine partem disci dimidiam æquantibus, disco lacunoso brevius spinigero. Semine sublenticulari bruneo lævi.

Secus vias ad margines agrorum prope Cervera del Rey cantabriæ unâ leucâ meridiem versus, die 18 Julii 1879 legi. Jam antea, Julio 1858, circa Aguilar del Campo et Reynosa amiciss. Boissier et Reuter eam invenerunt et in eorum herbariis exstat hucusque sine nomine inedita.

Onobrychis Madritensis, Boiss. et Reuter, a nostrâ differt canescentia foliorum, foliis 4-7 jugis, nec 7-11 jugis. Foliolis majoribus magisque distantibus. Pedunculis folia longitudine duplo tantum nec 2°-3°ve superantibus, eorum parte nuda partem fructiferam vix æquante. Floribus plus duplo-majoribus, vexillo carinam æquante non superante. Fructibus majoribus spinis longioribus validioribusque armatis, etc.

Onobrychis eriophora, Desv.; fructus adhuc majores eriophorosque habet.

Onobrychis argentea, Boiss. Indumento argenteo, foliolis angustioribus florum spicis gracilioribus minus compactis, tandemque magis elongatis, floribus paulo-majoribus, calycis dentibus longioribus, fructibus vero minoribus margine 5 dentatis a nostra specie differt.

Onobrychis stenorhiza, DC. Foliolis angustioribus longioribusque floribus majoribus magisque coloratis, leguminis margine longius dentata, dentibus gracilioribus, indumento valde argenteo a nostra specie differt.

Onobrychides supina, DC.; Supina, Gaudin; arenaria, DC.; gracilis, Bess.; spicis florum longioribus gracilioribus, foliolis angustioribus longioribusque, fructibus minoribus margine brevius dentatis a nostra specie differunt.

Onobrychis alba, Desv. Neapolitana species, floribus majoribus, foliolis multo longioribus. Fructibus minoribus differt. Huic similis Onobrychis echinata (sub Hedysaro) Guss. pl. rar., pag. 301, tab. 50, nostrâ multo gracilior est, foliolis angustissimis multo longioribus, fructibus minoribus margine 4 dentatis diversa [1].

Le 19 juillet 1879, à six heures du matin, nous quittons Cervera. Une diligence nous conduit en deux heures à Aguilar de Campo, petite ville essentiellement campagnarde. La route descend peu. Nous laissons derrière nous la région montagneuse. La contrée n'offre plus que des collines. Un peu avant d'atteindre Aguilar, nous passons auprès d'un monastère, sur les murs duquel nous remarquons le Saxifraga cuneata, Cav. Il y a peu

---

[1] Chacun sait que les fruits d'Onobrychis varient d'une espèce à l'autre. Les flancs du disque présentent des bosselures le plus souvent épineuses et des fovéoles qu'il serait difficile d'exprimer en détail; mais les dents épineuses qui bordent le disque varient peu en nombre dans la même espèce et peuvent servir de caractère.

de distance d'Aguilar jusqu'à la station de ce nom sur la ligne de Madrid à Reynosa et Santander. Au lieu de la suivre vers le nord, nous la descendons vers le sud jusqu'à Venta de Baños, où M. Boissier et son fidèle David Ravey se séparent de nous pour prendre le chemin de la France et de la Suisse.

LES ASTURIES

Revenons à notre voyage de l'année précédente [1]. Le 12 juillet 1878, nous partons d'Unquera et prenons place dans la diligence pour Oviedo. C'était le soir. Le premier endroit de quelque importance que nous rencontrons est Llanez, ville du littoral. Un arrêt de la voiture nous permet de souper. En traversant les rues, à la lueur d'un éclairage insuffisant, nous entendons une ronde du pays. Une demi-douzaine de jeunes gens des deux sexes dansent un quadrille devant leur maison. Le chant des jeunes filles, d'un rythme très cadencé, n'est pas dépourvu de charmes. Insouciante jeunesse, qui s'amuse à peu de frais ! Pendant la nuit et sur le matin nous traversons encore d'autres bourgades, quelques-unes assez proprettes. La contrée est belle ; des vergers, des arbres fruitiers, des châtaigniers, des noyers, des noisetiers soigneusement cultivés. Sur le bord des routes, des bruyères d'espèces variées mêlent leurs fleurs rouges ou lilas aux fleurs jaunes de l'Adenocarpus complicatus, Gay, et des Ulex. Plus rarement viennent s'ajouter les élégantes corolles violacées de la Linaria triornithophora, Willdn. Nous remarquons sur le bord de la route une campagne dont les jardins bien abrités sont plantés d'orangers couverts de fruits. Dans l'après-midi, nous approchons d'Oviedo. Le pays s'aplanit et devient plus uniforme. Les montagnes s'éloignent et fuient vers l'ouest. A notre droite, des chaînes de collines nous masquent la vue de la mer. Enfin nous arrivons.

Oviedo, capitale des Asturies, est une vieille ville, d'aspect à

[1] Voyez page 65.

demi-négligé. Une pluie incorrigible nous la rend encore plus maussade. Heureusement un hôtel d'entre les meilleurs que nous ayons rencontrés nous reçoit. Un chemin de fer nous aurait conduits en peu de temps à Gijon qui sert de port à Oviedo sur le golfe de Gascogne. Là, nous aurions pu cueillir Asplenium marinum, L.; Cochlearia danica, L.; Serapias occultata; Ruppia rostellata, Koch; Zannichellia pedunculata, Rchb.; Triglochin maritimum, L.; Armeria maritima, Willdn; Cotula coronopifolia, L.; Medicago striata, Bast.; Dianthus gallicus, Pers.; Sagina maritima, Don.; Honkeneja peploïdes, Ehrh.; Frankenia lævis, L.; Ranunculus trilobus, Desf. [1], et plusieurs autres espèces qui indiquent une grande analogie de végétation entre cette côte et le littoral maritime de la Loire inférieure. Mais comment entreprendre une herborisation par une pluie obstinée.

Dans le commencement de ce siècle, on ne se doutait guère des richesses botaniques que recèlent les Asturies. Il est très probable que l'abbé Pourret, dans sa vie si agitée par les événements politiques de la fin du siècle passé et du commencement de celui-ci, aura abordé ou traversé cette province. Mais presque tous les ouvrages botaniques qu'il avait écrits ont péri ou disparu sans avoir été publiés.

Lagasca cite et décrit quelques-unes des plantes rares de cette province.

Durieu de Maison-Neuve y passa toute une saison en 1835, explorant la plage et les falaises de Gijon du 18 au 28 mai, et les environs d'Oviedo du 29 mai au 5 juin. De là, poussant ses investigations jusqu'à vingt-cinq lieues à travers la partie occidentale de la province, il visite successivement Grado, Pennaflor, Cangas de Tineo, Leitariegos et Pico d'Arvas, revenant plus d'une fois en arrière, à droite ou à gauche selon la saison. Il récolte ainsi plus de cinq cents espèces. Les phanérogames et les fougères furent soumises par lui à l'examen de Jacques Gay, à Paris,

---

[1] Voyez J. Gay, Duriæi iter Asturicum dans les *Annales des sciences naturelles*, seconde série, tome VI (année 1836), page 119.

qui signala les espèces nouvelles et rédigea en latin sous le titre *Duriæi iter Asturicum* un mémoire botanico-géographique sur la contrée parcourue par Durieu. Ce mémoire a paru dans les *Annales des sciences naturelles*, seconde série, tome VI, pages 113 à 137, 213 à 225, 340 à 355.

Les collections que Durieu avait répandues dans le monde savant étaient épuisées depuis longtemps et avaient eu le temps de vieillir dans les herbiers lorsque, en 1864, l'*Association botanique française d'exploration* envoya dans les provinces des Asturies et de Léon, Eugène Bourgeau, avantageusement connu comme botaniste collecteur. Il visita les mêmes localités que Durieu avait déjà parcourues. En outre, dans le royaume de Léon, il séjourna surtout à Astorga et à San Isidro.

Il fit de là une excursion au Pico de las Corvas[1], d'où il rapporta plusieurs des espèces que nous avons cueillies aux Picos de Europa. L'aire d'exploration parcourue par Bourgeau en 1864 s'étend plus au sud et à l'est que l'aire parcourue par Durieu en 1835.

M. Boissier, accompagné de son ami Reuter, avait visité les Asturies quelques années auparavant, mais pour ses compagnons (Levier et Leresche) ce pays était une *terra incognita* qui leur présentait tout l'attrait de la nouveauté.

Le 15 juillet 1878, dès le matin, nous partons d'Oviedo en voiture de louage, par un temps douteux. Nous tirons d'abord à l'ouest, à peu près parallèlement à la côte, à quelques lieues de la mer de Gascogne. Rien de bien intéressant jusqu'au pont de Pennaflor. Là M. Boissier nous fait cueillir, sur des tertres humides qui dominent la route, la rare Erica Mackayi Hook, espèce de la partie nord occidentale de l'Irlande qui se retrouve ici sans être connue ailleurs. Elle a le feuillage de l'Erica ciliaris. Les

---

[1] Dans les étiquettes de Bourgeau à propos du Saxifraga conifera Coss., le Pico de las Corvas est dit près du Convento de Arbas. Nous croyons cette localité dans le voisinage de Porto de Pajares, sur la route directe d'Oviedo à Léon, à peu près à égale distance de ces deux villes, sur le faîte de la chaîne des Cantabres et à peu près à égale distance le long de cette chaîne entre Leitariegos à l'ouest et Cerro Prieto à l'est.

corolles sont semblables à celles de l'Erica tetralix, L. un peu plus grandes, plus colorées et comme elles groupées en capitules terminaux. Contents de notre cueillette, nous remontons en voiture pour aller dîner à Grado et coucher à Salas. Dans le jardinet attenant à l'auberge de Salas nous voyons un unique olivier, de petite taille. Il fleurit, mais il ne mûrit pas son fruit.

Le lendemain nous continuons notre route par un temps pluvieux. Les bruyères abondent sur les tertres le long du chemin, Erica cinerea, L., aux fleurs d'un gris bleuâtre; l'Erica vagans, L., aux longs épis de petites fleurs serrées roses; l'Erica ciliaris, L., répandue dans tout l'ouest de l'Europe. La Daboecia polifolia, Don. (Erica Daboeci, L.), aux élégantes corolles roses. Les Genistées sont représentées par l'Adenocarpus complicatus, Gay, et plus rarement par le Cytisus albus Link, dont les longs rameaux sont déjà chargés de leurs légumes. A ces espèces se mêlent quelques graminées : l'Aira (Deschampsia) cæspitosa, L., d'une taille gigantesque; l'Aira flexuosa, L.; Corynephorus articulatus, P. B.; Briza minor, L.; Agrostis Duriaei, Reuter. herb. Dans les broussailles nous remarquons la Centaurea nemoralis, Jordan; ailleurs c'est l'Hypericum pulchrum, L.; le Trifolium arvense, L.; le Silene portensis, L. (Silene bicolor, Thore); la Stellaria holostea, L.; la Linaria origanifolia, DC. Dans les endroits humides, l'Epilobium virgatum, Fries.; sur les murs, Umbilicus pendulinus, DC.

Au milieu du jour, le conducteur réclame un repos pour ses chevaux. Nous en profitons pour dîner à Rodigal, petit village dominé par des collines qui l'abritent et où croissent quelques vignes. En reprenant notre course, nous passons sur la rive droite de la rivière. Nous montons un peu et bientôt, sur la pente de rochers humides qui dominent la route, nous cueillons le rare Saxifraga propaginea, Pourr. C'est aussi au-dessus de Rodigal que nous rencontrons le Narthecium ossifragum, Huds.; et la rare et belle Omphalodes lusitanica, Pourr. (Omphalodes nitida. Hoffmsg. et Link [1].) Plus loin, sur d'autres pentes hu-

[1] Le fait que ces deux plantes ont été connues de Pourret autorise à penser qu'il a traversé cette contrée.

mides, nous récoltons l'Amagallis tenella, L.; le Sedum pruina-
tum, Brot. (Sedum elegans. Lej.) et le Polygala depressa, Wend.
(P. serpyllacea Weihe). L'Anthemis nobilis, L., croît jusque sur
la route. Celle-ci, quoique belle, n'est pas très fréquentée. Les
chars, quand on en rencontre, sont ordinairement traînés par
des bœufs. Ils s'annoncent à quart de lieue de distance par un
bruit strident. Les roues sont des plus grossières, composées
de deux épaisses rondelles de bois solidement fixées l'une contre
l'autre, dépourvues de cercle de fer sur leur contour, fixées à
l'essieu qu'elles font tourner en avançant chemin. Il en résulte
un frottement considérable de l'essieu contre le fond du char.
Telle est la cause de ce bruit qui ne ménage pas les oreilles des
passants. Des véhicules aussi informes n'emploient presque point
de fer, coûtent peu, mais sont impropres à toute course rapide.
C'est l'enfance du charronnage. Le soir nous arrivons à Cangas
de Tineo. C'était jour de fête. Tout le village était en liesse.
Nous avons quelque peine à trouver un logis passable. Enfin, on
nous mène dans une maison dont on nous cède la principale
pièce. Ses meubles furent neufs, mais sont aujourd'hui bien dé-
chus. Elle a un piano, raison pour l'assigner à M. Levier, seul
capable de s'en servir. Dans une maison du voisinage on entend
des chants qui se prolongent jusqu'à une heure avancée de la
nuit. Une voix de femme, claire, distincte et sûre, entonne le cou-
plet que toute l'assistance continue en chœur. Les couplets succèdent aux couplets sans que nous ayons pu savoir quel pouvait
être le sujet de cette épopée. Enfin, le silence s'établit et chacun
peut dormir.

Le lendemain, 17 juillet, à peine sortis de Cangas de Tineo,
nous voyons sur les bords de la route l'Erysimum linifolium,
Gay, remarquable par ses fleurs d'un rose violacé. Cette couleur
est exceptionnelle dans nos Erysimum d'Europe. Elle a conduit
Pourret à classer cette plante parmi les Hesperis, dont elle n'a
ni le port ni le feuillage ; d'autres en ont fait un Cheiranthus.
Bientôt après, nous récoltons la belle Linaria triornithophora,

W., montrant à notre admiration ses grandes corolles d'un rose
lilacé, dressant en l'air ses longs éperons. Ordinairement les
feuilles sont ternées ou quelquefois verticillées à quatre. Elle
est particulière au nord et à l'ouest de la péninsule Ibérique.
Elle mériterait d'être cultivée dans nos jardins. Mentionnons
encore dans cette traversée le Nardurus Lachenalii, Godron, le
Lepidium heterophyllum, Benth., et la Campanula Lœfflingiana,
L. Notre herborisation de ce jour est quelquefois contrariée par
la pluie, qui nous force à chercher un refuge dans la voiture.
Des lacets adoucissent la dernière montée. En les coupant pour
abréger, nous cueillons dans des terrains pierreux le Carduus
gayanus, Dur., auquel Willkomm et Lange, dans leur flore d'Espagne, réunissent le Carduus carpetanus. Boiss. et Reut. En approchant du col les pentes sont ornées par le Genista leptoclada,
Gay, magnifiquement fleuri. Sur le bord de la route croît la
belle Luzula lactea, Link. De bonne heure sur le soir nous arrivons à Leitariegos.

LEITARIEGOS ET PICO D'ARVAS

Le petit village de Leitariegos est assis sur le col de ce nom,
à la limite de la province des Asturies et de celle de Léon. Les
maisons, à un seul étage, sont en pierre, percées de peu de fe-
nêtres et couvertes de mottes de gazon. On est ici à 4000 pieds
d'altitude au-dessus de la mer. Plus de cultures sauf celle de
la pomme de terre, plus d'arbres ni de forêts. Le bois de chauffage usité par les habitants est le tronc et les branches du Genista leptoclada. Ce bois est rarement plus épais que la jambe.

Des prairies à faucher et des pâturages permettent aux habitants d'élever et nourrir du bétail. Nous sommes logés chez un
arriero (muletier), homme à son aise, qui a plusieurs montures
qu'il emploie au transport des marchandises et des denrées ou
au service des voyageurs. On nous donne une grande chambre,
elle n'a qu'une fenêtre et de vastes lits dont chacun logerait au

besoin toute une famille. Mais ils sont propres. Heureusement nous sommes seuls propriétaires de cette pièce.

Le lendemain 18 juillet, nous partons tous dès le matin avec un homme du pays et des provisions pour faire l'ascension du Pico d'Arvas, montagne de formation siliceuse et de 6000 pieds d'altitude au-dessus de la mer. Elle est située au nord-ouest du col et à peu de distance du village. Déjà en partant, dans le village même, nous rencontrons le Senecio Duriæi, Gay. A la base de la montagne, dans des gazons pierreux, le Galium saxatile, L. (Galium hercynicum, Weig.) et le rare et curieux Eryngium Duriæi, Gay. Un peu plus haut, sur la pente orientale de la montagne, Hieracium cerinthoides, L.; Festuca spadicea, L.; Linaria supina, Desf. ; un Conopodium indéterminé. Puis le rare et beau Silene macrorrhiza, Gay. (Willkomm dans Fl. hisp. III, pag. 657, lui donne pour synonyme Silene fœtida. Link in Spreng. syst. veg. II, pag. 406.) Sa grosse racine fusiforme donne naissance à de nombreuses tiges étalées sur le sol. La plante est un peu glutineuse. Les fleurs sont grandes, roses. A mi-hauteur de la montagne, l'Erica Aragonensis, Willk., forme une région broussailleuse qui revêt des rochers. Ces buissons atteignent la hauteur d'un homme. Au-dessus de la zone de l'Erica Aragonensis toute broussaille cesse de ce côté de la montagne et on gravit une pente rapide revêtue d'un gazon clairsemé, entremêlé de tas de gravier. Là croissent Avena sulcata, Gay; Luzula cæspitosa, Gay, espèce rare, voisine de la Luzula pediformis, Villars, dont elle diffère par sa racine cespiteuse, ses feuilles plus étroites, etc. Tout à côté croît aussi l'Iberis conferta, Lag., que nous croyons spéciale au nord de l'Espagne. On est là fort près de l'angle nord-est de la montagne, sur lequel on peut se diriger pour gravir plus facilement. En contournant cet angle, on passe sur le flanc nord dans des terrains dénudés, où nous cueillons parmi les pierres le Chrysanthemum anomalum, Lag. Bientôt après, nous atteignons le sommet, auquel les cartes géographiques donnent 6000 pieds d'altitude au-dessus de la mer. Il surpasse toutes les montagnes environnantes, qui se prolongent au loin dans différentes directions, attestant que cette portion de l'Espagne est très montagneuse. Assis sur une herbe courte et clairsemée, nous faisons grand honneur à nos provisions, tout en contemplant le panorama qui s'étale sous nos yeux. Pour le dessert, nous cueillons autour de nous le Silene arvatica, Lag., espèce bien voisine du Silene ciliata, Pourr.

Au signal du départ, nous commençons à descendre en suivant la crête méridionale (ou sud-occidentale) de la montagne. C'est un vrai jardin de Flore.

D'abord le beau Genista obtusiramea, Gay. A cette altitude il reste bas, mais s'élargit d'autant plus et se couvre de fleurs formant de magnifiques corbeilles dorées. Ses légumes sont très courts. Il n'a point d'épines et on peut impunément s'asseoir sur ses buissons. Il couvre la pente ouest de la montagne et se retrouve aussi sur les tertres qui bordent la lagune au bas de la pente sud-orientale. Cette espèce descend moins que les autres genêts de la même contrée et paraît spéciale à la chaîne des Cantabres. Dans les stations les plus basses, elle atteint la hauteur d'un homme. Vers l'orient, elle ne dépasse pas les monts de Santander et Reynosa. Elle était inconnue avant Durieu. Tout à côté croît aussi le curieux Rumex suffruticosus, Gay, signalé en premier lieu dans les Asturies par Durieu. C'est un fort petit buisson, qui reste bas. Toujours en descendant cette arête, on trouve encore le petit Dianthus brachyanthus, Boiss., espèce dont les gazons étalés en rond sur le sol se couvrent d'une multitude de petites fleurs à calices fort courts. En moins d'une demi-heure, nous atteignons un sentier qui nous ramène sur le flanc sud-oriental de la montagne et nous fait descendre au bord d'une lagune. Dans cette descente, nous cueillons encore le Silene macrorrhiza, Gay, et sur des rochers à parois fraîches, tournées au nord, le Saxifraga umbrosa, L. Dans les endroits humides, l'Erica tetralix, L. En approchant de la lagune, nous rencontrons des sources d'une fraîcheur délicieuse. Elles s'épanchent sur le sol et le rendent un peu marécageux. Là croissent le Juncus squarrosus, L. et quelques petits Carex. Dans les eaux de la lagune fleurissent le Ranunculus aquatilis et autres. Cette lagune peut avoir environ un quart de lieue de longueur. Une portée de fusil en traverserait la largeur. Dans sa longueur, elle suit le bas de la montagne, qui y arrive par des rochers et des éboulements qui rendraient difficile ou fort laborieuse l'entreprise d'en faire le tour. Vues de loin, ses eaux paraissent renfermer des colonies de plantes aquatiques. Sur la fin d'une journée très remplie, le temps nous a manqué pour en faire l'exploration. A son extrémité méridionale, elle se vide par un canal naturel, qui plus bas s'épanche en petites mares, se divise et se subdivise. Là croissent le Myosotis stolonifera, Gay; Carex ampullacea, Good.; Sparganium minimum, Fries. M. Boissier avait pris les devants. MM. Levier et Leresche se séparent pour suivre chacun sa piste. Le premier ne tarde pas à rencontrer dans des broussailles le Genista tridentata, L., et le second, peu avant d'atteindre Leitariegos, rencontre dans une prairie bordée de murs l'Angelica lævis, Gay, espèce à tige fistuleuse et lisse, à fleurs d'un jaune verdâtre, signalée par Durieu et spéciale aux montagnes des Asturies et de Léon.

Si on veut davantage de détails sur Leitariegos et les montagnes environnantes, on les trouvera dans le récit de Gay : « Duriæi Iter Asturicum, » *Annales des sciences naturelles*, seconde série, tome VI (1836), pag. 340-355. Il mentionne un mont à l'orient de Leitariegos, moins élevé que Pico d'Arvas, où nous n'avons pas été. Il y indique Erica australis, L. (Erica Aragonensis, Willk.) et Genista tridentata, L.; Luzula lactea, Link; Trifolium spadiceum, L.; Sedum brevifolium, D C.; Chrysanthemum anomalum, Lag.; Erythronium Dens Canis, L.; Paronychia polygonifolia, D C.; Iberis conferta, Lag.; Aira flexuosa, var. nana brachyphylla, Gay; Spergula pentandra, L.; Spergula rimarum, Gay; Cerastium Riæi, Desm.; Barbarea prostrata, Gay. Il indique, en outre, au Pico d'Arvas les espèces suivantes que nous n'y

avons pas trouvées ou dont nous n'avons pas gardé le souvenir :
Meum Athamanticum, Jacq. ; Angelica pyrenaica, Spr. ; Barbarea
prostrata, Gay ; Festuca Rhætica, Sut. (Festuca pilosa, Schleich.) ;
Crepis albida, Villars ; Herniaria Pyrenaica, Gay ; Sagina apetala,
L. ; Calamintha alpina, Benth. ; Arabis alpina, L. ; Lepidium alpinum, L. ; Botrychium Lunaria, Sw. ; Gentiana lutea, L. ; Crepis
lampsanoides, Frœl. ; Doronicum austriacum, Jacq. ; Saxifraga
hypnoides et gemmifera, Ser. ; Epilobium alpinum, L. ; Alchemilla
alpina, L. ; Pedicularis sylvatica, L. ; Carex leiocarpa, Gay, non
C.-A. Mey (Carex Asturica, Boiss.) ; Saxifraga stellaris, L. ; Gentiana pneumonanthe, L. ; Mœnchia quaternella, Ehrh. ; Merendera Bulbocodium, Ram. ; Narcissus bulbocodium, L. ; Fritillaria
Pyrenæa, Clus., etc., etc.

LA VALLÉE DU SIL

PROVINCE DE LÉON

Le 19 juillet, entre six et sept heures du matin, nous partons
de Leitariegos, après avoir affectueusement serré la main du
patron de la case. Il nous confie aux soins d'un de ses fils, arriero
expérimenté. On descend vers le sud une vallée dont les eaux,
partout où elles passent sur les pâturages, nourrissent le Myosotis
stolonifera, Gay. En moins d'une heure, nous atteignons les premiers arbres. Nous rencontrons quelques paysans, hommes et
femmes, qui nous prouvent que la contrée n'est pas entièrement
déserte. Vers les neuf heures, nous traversons un village ; c'est
Caballos de Abajo. Nous remarquons la Linaria delphinoides,
Gay ; le Trisetum ovatum, Pers., et le Genista leptoclada, Gay ;
ce dernier nous accompagne dans toute la vallée supérieure du
Sil jusque près de Toreno. On est aux fanaisons. Dans les prés,
quelques pieds d'Angelica lævis, Gay, vont tomber sous la faux.
Des cigognes aux ailes noires se promènent majestueusement à

peu de distance. A notre gauche une vallée s'étend dans le lointain en remontant à l'est ; mais nous tournons à notre droite vers le sud-ouest, suivant le cours de l'eau. Quelques pieds d'Erysimum linifolium, Gay, en fleurs, bordent la route. La chaleur est intense, mais il faut avancer. L'envie de dormir quand on est à cheval est un vrai supplice. De temps en temps quelques beaux châtaigniers nous permettent de découvrir nos têtes sous leur ombrage. Vers le milieu du jour, nous arrivons à Palacios de Sil. Nos gens vont aux informations. Peut-on nous recevoir ? On parlemente. Nous mettons pied à terre. Une maison de peu d'apparence au dehors, très confortable à l'intérieur, nous reçoit. Un salon, un sopha, des tapis... Tout à côté, un cabinet de toilette où rien ne manque, peut-être celui d'une senorita, à moins que ce ne soit celui d'un abbé. Dans le salon un instrument, parent un peu éloigné du piano. M. le docteur Levier s'assied, lui tâte le pouls. Après quelques essais interrogatifs, il exécute des morceaux des bons maîtres. Une dame arrive ; elle écoute discrètement. Enfin on sert le dîner, auquel nous faisons un grand accueil. Le moment de partir venu, on refuse obstinément tout payement. Nous avait-on pris pour des gens de grande condition, grâce à la musique de M. Levier, ou au fait que nous étions arrivés avec cinq ou six montures, arriero en tête, flanqué d'un domestique courrier ? Quant aux pauvres bêtes, si elles avaient peu coûté, elles avaient aussi fort peu mangé.

Nous partons. Bientôt M. Leresche, peu cavalier, déclare qu'il ne supporte plus le cheval ; il veut cheminer à pied. Un de ces incidents fréquents en Espagne, un menaçant défaut d'équilibre dans l'arrangement des bagages, lui permet de prendre les devants. Mal lui en a pris. MM. Boissier et Levier gravissent des rochers, cueillent une fougère inconnue, non sans se déchirer les mains aux prises d'une genistée qu'ils négligent. Si cette dernière fut l'objet d'un regret trop tardif, la fougère, en revanche, excita notre joie à tous lorsque le jour suivant on con-

state, livres en mains, que c'est la rarissime Cheilanthes hispanica, Metten [1], qui manque dans la plupart des grands herbiers
du monde savant. En attendant ce résultat, la caravane se remet
en route et rejoint enfin M. Leresche, inquiet de ne pas la voir
apparaître. Le soir avance, puis la nuit. Enfin dans le lointain
de rares lumières annoncent un village. C'est Toreno. A onze
heures du soir, une médiocre posada nous reçoit.

Le lendemain, 20 juillet, nous abandonnons le Sil pour quelques heures. Par une route neuve en achèvement de construction, inspectée par deux ingénieurs montés sur de beaux chevaux, nous traversons un pays coupé de collines et de ravins.
Puis la campagne s'aplanit. Dans le lointain nous apercevons
les clochers de Pontferrada. M. Levier abandonne sa monture
pour courir après les plantes. Nous nous installons à la Casa de
Banos, auberge neuve située dans le faubourg. Un second étage
non achevé, avec vitrage sur deux de ses flancs, nous offre une
magnifique place pour étaler nos plantes en dessication.

C'est ici qu'expire notre convention avec notre brave arriero,
qui retourne à Leitariegos.

Pontferrada n'offre de remarquable qu'un beau pont sur le
Sil. Dans les environs il existe des eaux minérales qui attirent
quelques visiteurs. Sa position au centre d'une contrée accidentée, dominée au midi par d'assez hautes montagnes, mérite
l'attention des botanistes explorateurs. La vallée supérieure du
Sil, qui nous a offert le Cheilanthes hispanica et une mysté-
rieuse genistée, devrait être fouillée avec plus de soin que nous
n'avons pu le faire dans une rapide traversée.

Après une demi-journée passée à Pontferrada à soigner nos
plantes, nous repartons le lendemain 21 juillet, en voiture.
L'état de la route nous permet ce luxe. Nous passons le Sil et
bientôt après nous traversons des terrains pierreux, où croît le

[1] Vide Milde *Filices Europœ et Atlantidis*, pag. 32. Cette plante se retrouve
en Portugal aux environs de Coïmbre sur les rochers qui bordent la rivière
Mondego.

Cistus ladaniferus, L., en fruits, variété à feuilles linéaires in-
canes à la surface inférieure. Plus loin, la route longe une paroi
de rochers qui nous offre un dernier échantillon de Petrocoptis
Lagascæ, Willkomm, plante que nous n'avons pas revue ultérieurement. Passant par un hameau, M. Boissier avise des montures
et donne l'ordre au muletier de nous rejoindre au prochain village, où nous dînons. El-Puente tire son nom d'un pont très
élevé par lequel nous passons un affluent du Sil. Nous entrons
sur le territoire de la Galice, dont la portion la plus méridionale
porte le nom de province d'Orense.

Chevauchant dans l'après-midi, les plantes d'un terrain broussailleux qui domine la route attirent notre attention. C'est
d'abord, au dire de M. Boissier, le Dianthus Planellæ, Willk.;
puis une campanule qui défie tout notre savoir. Elle se blottit
dans les recoins mi-ombragés, essayant de redresser contre le
terrain ses tiges nombreuses débiles et filiformes. Plus tard,
livres consultés, nous avons prononcé qu'elle est nouvelle pour
la science. A-t-elle été confondue, très mal à propos, avec la
Campanula elatines, L.? Voyez W. et Lge, Fl. hisp. II, pag. 295,
dans une note à la suite de la Camp. specularioides, Coss. Nous
transcrivons ci-après la description que nous en avons donnée
dans l'article *Decas plantarum novarum in Hispania collectarum.*
Voyez *Journal of Botany*, july 1879.

Campanula adsurgens, *Levier et Leresche.* (Sect. *Eucodon.*) —
Radix centralis perennis fusiformis caules plurimos tenues fragiles
ad terram propensam adsurgentes semipedales pedalesve simplices
vel breviter ramulosos edit. Foliis radicalibus cæteris majoribus
petiolo duplo triplove brevioribus ; caulinis a basi ad apicem caulium decrescentibus numerosis subcontiguis magis ac magis breviter petiolatis ; omnibus crenatis rotundatis ; summis ovatis, inferioribus mediisque basi cordatis, caulinorum limbo petiolum
superante. Floribus ad apicem caulium racemosis. Pedicellis calyce
duplo longioribus et ultra. Corollis extus puberulis profunde 5-fidis
lobis semipatentibus lacinias calycinales superantibus. Calycis

laciniis ovarium æquanlibus anguste lanceolato-linearibus acutis.
Stylo exserto recto. Capsula obconica decemnervia [1]. Seminibus
oblongis luteolis lucidis. Tota planta in omnibus nostris speciminibus pubescit. Flores pallide cærulei.

Folia radicalia illa *Sibthorpiæ europeæ* forma magnitudineque in
memoriam revocant at in nostra planta multo minus tenera sunt.

Campanula Elatines, L., temere in Hispania indicata fuit, for-
san confusione cum nostra. *Vide* Willkomm et Lange Fl. Hisp. II,
pag. 295, observ. sub *C. specularioide*, Coss. quæ longe alia est.
Campanula Elatines a nostra differt foliis majoribus longius petiolatis, ovato - cordatis acute multidentatis (dentibus 15-21), nec
rotundato-cordatis, obtuse crenatis (cren. 7-9), laciniis calycinis
patentibus angustioribus nec demum erectis; capsula rotunda nec
obconica; caulibus multo copiosius longiusque florigeris, nec plerumque tantum modo ad apicem breviter racemosum floridis. Se-
mina *C. Elatines* paulo minora sunt, etc.

Encore un village; un pont étroit, presque dangereux, nous
reporte sur la rive droite du Sil. Nos bagages qui nous suivent
risquent un cataclysme. Nous montons, nous descendons, nous
remontons, traversant des villages et enfin, de grand jour cette
fois, nous mettons pied à terre devant une posada, la meilleure,
nous dit-on, d'un grand village qui se nomme Barco de Val-
Orras. Au-dessous, le Sil s'élargit aux dépens de sa profondeur,
qui ne dépasse pas un mètre en cette saison. Il laisse sur ses
bords une grève. Entre les pierres et le limon croissent Mentha
pulegium, L., abondamment; Preslia cervina, Fresen., peu ;
Cyperus badius, Desf.; Illecebrum verticillatum, L.; Peplis portula, L., var. longe aristata; une forme singulière du Nasturtium officinale, R. Br., à feuilles unifoliolées et, plus loin du
bord, Thymus mastichina, L. La journée avait été chaude ; le
soir venu, des dames se promènent, soulevant sur leur passage
un nuage de poussière et balayant la route de leurs robes à
queue. Elles croisent sur leur chemin un troupeau de pour-

---

[1] Poris ad medium sitis.

ceaux. Quel contraste, et jusqu'où la mode est allée se nicher ! Nous étions condamnés à chômer dans cet endroit. On s'arrange du mieux qu'on peut. Les lits,... il ne faut pas en parler. Le lendemain, point de voiture pour avancer pays. La campagne environnante ne promet pas grand' chose. Près de nous, des cultures ; des collines dans le lointain. La pluie menace. Chacun soigne ses plantes. Enfin, dans le milieu de la nuit passe une diligence. Elle nous emmène. Trois gros capucins, plus riches de chair que d'esprit, entrent aussi et bientôt, dormant à qui mieux mieux, tombent de tout leur poids, tantôt sur l'un, tantôt sur l'autre d'entre nous.

La nuit fut assez fraîche. On traversait des incultes qui peut-être nous auraient offert quelque bonne prise. Sur le matin nous arrivons à Trives. Toutes les maisons sont construites en pierres de taille de granit, vu la difficulté de se procurer de la chaux. De petits balcons, soigneusement vitrés, donnent à penser que le climat n'est pas des plus doux [1]. Toute la journée fut employée à franchir la distance qui nous séparait encore d'Orense, sans autre incident que la rencontre près d'un relais du Sarothamnus Welwitschii, Boiss., magnifiquement fructifié. Arbuste de la hauteur d'un homme, à légumes tomenteux, ovales, arrondis, de la grosseur de ceux de la Farsetia eriocarpa, DC.

ORENSE ET TUY

Enfin, sur le soir, Orense nous reçoit. C'est la capitale de la province qui porte son nom ; elle est bâtie en granit. Des eaux thermales abondantes et très chaudes sont peu utilisées. Elle occupe la pente inférieure d'une colline boisée de pins à son sommet. A ses pieds coule le Minho, qu'on traverse sur un beau

---

[1] Il n'y a rien là d'étonnant. A peu de distance, au midi, est une montagne à laquelle les cartes assignent une altitude de 5470 pieds au-dessus de la mer. (Leresche.)

pont. Au bord de la descente qui y conduit croissent la Centaurea micrantha, Hoffmg. et L.; Tolpis barbata, L.

MM. Levier et Leresche font une herborisation chacun de son côté dans les environs. Ce dernier rapporte la Linaria spartea, Chav., cueillie sur les talus de la route, Gymnogramme leptophylla, Desv., et Asplenium lanceolatum, Huds., qui croissent au pied des murs dans les chemins humides. Helianthemum alyssoides, Vent., dans les endroits secs. Anarrhinum Duriminium, Brot., sur les collines pierreuses. Genista tridentata, L., dans les bois de pins, ainsi que Lithospermum prostratum, Lois. Le soir du même jour nous quittons Orense[1]. Des collines remplacent les montagnes ; sur leurs pentes, quelques vignes ; à leurs pieds, des champs ; leur sommet est ordinairement couronné de petits bouquets de bois de pins. Sur le matin, nous sommes déposés à Porino. La diligence continue dans une autre direction, vers les provinces du nord. Les Espagnols mettent en général peu d'empressement à faciliter les communications avec le Portugal. Il faut nous contenter d'une charrette pour nous transporter à Tuy, dernière ville espagnole. Le pays s'est aplani. La route traverse une contrée de champs entrecoupés çà et là de landes incultes, dans lesquelles nous avons le plaisir de cueillir l'Erica umbellata, L. ; l'Helianthemum globulariæfolium, Pers. ; le Thymus cæspititius, Hoffmg. et L.; le Genista triacanthos, Brot.

Nous arrivons à Tuy; une bonne auberge simple, mais propre, nous reçoit. La ville de Tuy est bâtie sur une colline qui domine les environs et le cours du Minho qui coule à ses pieds. C'est jour de foire. Les marchandises étalées sont fort rustiques. Mais

---

[1] L'abbé Pourret, obligé de fuir la France pendant la tourmente révolutionnaire de la fin du siècle passé, avait séjourné à Barcelone puis à Madrid. En 1804, il obtint du roi d'Espagne une position avantageuse à Orense, dont il a parcouru les environs. L'invasion des Français en 1808 vint le troubler dans cette retraite, où il perdit en grande partie son herbier dans une émeute populaire. Après avoir passé quelques années dans une obscure retraite, il devint, en 1814, trésorier de l'église métropolitaine de San-Jago de Galice, où il mourut en septembre 1818. — Voyez Timbal-Lagrave, *Reliquiæ Pourretianæ*, pag. 16 à 21.

ce qui nous contrarie davantage, ce sont les longueurs et l'encombrement d'un tel jour. En parcourant la ville, M. Leresche remarque sur les murs l'Anarrhinum Duriminium, Brot. Lange y indique sur les murs la Centaurea micrantha, Hoffmg.

ENTRÉE EN PORTUGAL, OPORTO, COIMBRE

Enfin, le soir, nous traversons le fleuve sur un bac. Nous atteignons Valenza, ville portugaise située en face de Tuy, à une portée de canon. Il nous fallut subir, de nuit close, les ennuis d'une visite de douanes. Il y avait plus de désordre que d'exigence. Un souper nous remet de bonne humeur. Nouveau trajet de diligence pour être peu d'heures après déballés, encore de nuit, en pleine rue, comme des colis, avant de pouvoir monter en chemin de fer, heureux cette fois de retrouver le confort de la civilisation.

Nous nous dirigeons sur Oporto. Le plus souvent, des forêts de pins bordent la voie ferrée. De temps en temps, elles laissent entrevoir l'Océan. Du côté opposé, à l'est, on voit des collines plus ou moins éloignées. De ce côté, mais à vingt lieues environ, est la Serra de Gérez qu'on dit riche en plantes rares. D'après les cartes, les plus hautes cimes de cette chaîne varient d'altitude entre 4000 et 4500 pieds au-dessus de la mer. Au dire de M. le professeur Enriques, de Coïmbre, on y a trouvé un beau Rhododendron qui doit être le même que le Rh. bæticum, Boiss. et Reut., diagn. Or. III, N° 3, pag. 118, qui croît à Algesiras, etc., et dans la Serra de Monchique. On l'avait confondu primitivement avec le Rhododendron ponticum, L. Il est maintenant constaté que c'est une espèce différente.

La Serra de Gérez est à une quinzaine de lieues au sud d'Orense. Dans cette traversée, on indique, d'après Pourret, le beau Polygala microphylla, L.

En quelques heures nous arrivons à Oporto, bâtie sur la rive droite du Douro, près de son embouchure. Le fleuve lui sert de port. On y descend de la ville par des pentes rapides. Le lendemain, 27 juillet, M. Leresche fait seul, dans la matinée, une promenade le long de la rive gauche du Douro. Sur de vieux murs croît l'Anarrhinum Duriminium, Brot. Dans les interstices de la maçonnerie d'une espèce de quai croît abondamment un Erigeron à fleurs d'un blanc rose, de la grandeur de celles de la pâquerette. Cette espèce nous est inconnue et nous paraît adventive, introduite probablement par le délestage des vaisseaux. La plante est très rameuse, étalée, diffuse, vivace; les feuilles linéaires, les fleurs portées sur de longs pédicelles fins et fermes[1]. A la marée basse, le fleuve laisse à découvert une zone étroite salsugineuse où croît la Cotula coronopifolia, L. Plus loin, en aval, toujours vis-à-vis d'Oporto, la colline descend rapidement au fleuve; là, dans des pentes incultes, croît le Genista triacanthos, Brot., et une curieuse forme rabougrie d'Erica cinerea, L., à fleurs capitulées.

Le même jour, dans l'après-midi, nous quittons Oporto et prenons le chemin de fer pour Coïmbre. Il suit la côte dans la première moitié du trajet. On voit alors les sables de l'océan Atlantique. Par intervalle, ce sont des villages avec leurs jardins d'orangers ou des plaines avec de petites flaques d'eau où fleurit le Nymphæa alba. Près d'une gare, quelques jeunes pieds d'Eucalyptus globulus, Labill., luttent péniblement contre le vent du sud-ouest qui les tourmente. L'horizon se colore, le jour décline et de nuit nous arrivons à Coïmbre.

Le lendemain, 28 juillet, nous faisons visite à M. le professeur Enriques, directeur du jardin botanique. Il nous en fait très aimablement les honneurs. Il est situé, ainsi que les bâtiments qui en dépendent, sur une colline qui domine la ville. Les serres sont bien tenues. Les plantes y jouissent d'une chaleur humide

---

[1] De retour en Suisse, j'ai trouvé cette plante sans nom dans l'herbier de M. Boissier, récoltée en 1855 par Salles à Orizaba (Mexique) et en 1866 par Bourgeau, sous N° 167, aussi à Orizaba. C'est l'*Erigeron diplopappoides. Schauer in Linnœa*, XIX, pag. 722. Voy. aussi Walpers, *Annal.*, I, pag. 406. (Leresche.)

qui les préserve des ardeurs de la canicule. Après avoir fait le tour du jardin, M. Enriques nous accompagne dans une promenade. Nous passons auprès d'une fontaine dans le voisinage de laquelle fleurit la Campanula primulæfolia, Brot., *Phyt. lusit.* I, tab. 19 et 20, espèce portugaise. Elle est de grande taille, à tiges épaisses, d'une villosité striguleuse, ainsi que les feuilles. Nous n'avons pas revu ultérieurement cette espèce rare. Le but de notre promenade était le Drosophyllum lusitanicum, Link, que M. Enriques avait rencontré précédemment dans les environs. La recherche de cette plante rare et curieuse nous conduit dans des bois de pins coupés çà et là de cultures de céréales. Nos efforts restent sans succès, soit que la station n'ait pas été retrouvée par M. Enriques, soit que le moment fût passé pour cette plante. En revanche, nous trouvons dans le bois l'Helianthemum ocymoides, Pers., espèce rare, dont les fleurs sont en panicule et les capsules elliptiques d'une grande dureté. Les haies qui bordaient notre chemin étaient agrémentées de Rubus en fruits. Nous serions devenus rubivores si nous n'avions pas eu la perspective du dîner qui nous attendait à l'hôtel, où nous retournons après avoir serré la main de M. Enriques. Ce dîner impatiemment attendu nous a laissé le souvenir d'un copieux dessert où étaient étalés de beaux fruits du Midi.

Laissant une partie de nos bagages à Coïmbre, où nous devons bientôt revenir, nous allons à la sortie de la ville attendre le départ de la diligence qui doit nous mener sur le chemin de la Serra Estrella. L'heure fixée pour le départ est six heures du soir. Mais à Coïmbre, comme en d'autres pays, l'exactitude n'est pas de rigueur.

Une longue attente nous permet de considérer à loisir l'abord de Coïmbre de ce côté de la ville. Il est facilité par un beau pont qui conduit sur la rive gauche du Mondego. A ce moment de l'année la rivière divague à travers les graviers de son lit. De l'autre côté, sa rive gauche longe des collines. Coïmbre est bâti tout entier sur la rive droite, dominé à l'est par une colline.

Le ciel est illuminé des riches teintes du soir. Les oisifs des deux sexes se promènent sur la place. Parmi eux quelques étudiants en costume de séminaristes. Quelques servantes ou femmes du peuple viennent puiser de l'eau à la rivière. Elles portent leur cruche sur la tête avec un aplomb, une sûreté de démarche qui fait honneur à leur adresse. Peu à peu l'omnibus se remplit. Enfin nous partons. La route est bordée d'arbres, de maisons, de jardins, de vergers, dans l'un desquels une famille et des amis prennent leurs ébats. Puis la route devient moins animée, la campagne moins habitée. La nuit étend son voile sur tout le pays et nous invite au sommeil. Les heures succèdent aux heures. Enfin, sur le matin, l'omnibus nous dépose devant une posada de médiocre apparence [1]. Non sans peine, nous obtenons deux hommes pour porter nos bagages jusqu'au village de San Romao, distant d'une petite heure.

LA SERRA ESTRELLA [2]
(29-31 juillet 1878.)

San Romao est un village très rustique, à la base ouest de la serra Estrella, dans la région des cultures de maïs et de céréales. Il pourrait servir d'un pied à terre fort médiocre pour explorer la portion de la chaîne qui le domine. Nous perdons beaucoup de temps pour obtenir un frugal déjeuner et quelques renseignements sur la direction que nous devons suivre. Les habitants sont occupés aux travaux de la campagne. C'est avec beaucoup de peine que nous obtenons les hommes et les montures dont nous avons besoin pour deux ou trois jours. La serra Estrella, dont nous allons parcourir une faible portion, passe

---

[1] La seule plante dont nous ayons gardé le souvenir dans cet endroit est le Sarothamnus Welwitschii, Boiss.

[2] En espagnol *sierra*, en portugais *serra*. Les Romains, qui ont possédé le Portugal, appelaient la serra Estrella *Mons Herminius*. De là vient le nom spécifique de quelques espèces, Campanula Herminii, Scrophularia Herminii, etc.

pour la plus haute chaîne du Portugal. Ses cimes ne dépassent guère 6000 pieds d'altitude au-dessus de la mer. Elle court du nord-est au sud-ouest. Le Mondego recueille les eaux de ses pentes nord-ouest. Un affluent du Tage recueille les eaux d'une partie des pentes méridionales. C'est une chaîne essentiellement granitique. Elle a été explorée dans les dernières années du siècle passé par le comte Hoffmansegg, auteur, conjointement avec Link, de la belle flore du Portugal, accompagnée de 109 planches, publiée à Berlin en 1809, continuée en 1820, et restée inachevée [1].

Nous partons de San Romao dans la matinée du 29 juillet 1878. Le chemin que nous suivons contourne la base ouest de la serra. La direction, en diagonale ascendante, côtoie des conduites d'eau qui descendent de la montagne et alimentent des usines. Nous arrivons ainsi au dernier hameau supérieur et nous entrons dans un vallon montagneux dont un ruisseau occupe le fond et dont le flanc que nous gravissons est revêtu d'un bois de petits pins clairsemés, les seuls que nous ayons vus dans cette exploration de deux jours. Continuant à monter ce flanc de la montagne, nous atteignons bientôt la région des champs

---

[1] Le comte J.-C. de Hoffmansegg était Saxon. Il nous apprend dans la préface de son ouvrage qu'il fit un premier voyage en Portugal en 1795. Dès cette époque il conçut le projet d'écrire la flore de ce pays. Dans ce but il s'associa le naturaliste Frédéric Link alors professeur de botanique et de chimie à l'université de Rostock. Il visita, en traversant la France et l'Espagne, Antoine Laurent de Jussieu, Desfontaines et Cavanilles, et arriva en Portugal avec Link au printemps de 1798. En parcourant ce pays, il fit à Coïmbre la connaissance de Félix Avellar Brotera. Puis, continuant ses explorations, il aborda dans le courant de l'été la serra Estrella, qu'il trouva dépouillée de neige. (L'année avait été fort chaude.) Le printemps 1799 écoulé, le professeur Link, après avoir parcouru avec lui les Algarves, le quitta pour revenir en Allemagne. Hoffmansegg continua seul ses explorations, parcourut sur la fin de 1799 le nord du royaume, à la recherche des cryptogames, visita de nouveau la serra Estrella en juin 1800. Elle était à cette époque encore en partie couverte de neige, tandis qu'en août de cette même année, il n'en trouva presque plus. Il quitta définitivement le Portugal en été 1801. Le 1er septembre 1809, il signait à Berlin le prospectus de sa flore portugaise, dont les premières livraisons portent la date de la même année. Cet ouvrage, d'un grand luxe, écrit en français et en latin, avec figures d'un grand format, a, dit-on, ruiné son auteur.

supérieurs. (On achevait alors la moisson.) Une petite source nous invite à faire un repas. Dans le voisinage nous cueillons quelques échantillons de Linaria delphinoides, Gay; et sur des pentes humides la Vahlenbergia hederacea, Rchb. (Campanula hederacea, L.) Nous laissons derrière nous les derniers champs et nous arrivons dans une région stérile parsemée de blocs erratiques de nature granitique. Ce tractus nous a paru d'une pauvreté botanique lamentable. Est-ce la faute de la saison trop avancée, ou bien avons-nous attaqué la montagne par un côté défavorable? La journée avance. Il faut chercher un endroit abrité pour pouvoir camper à portée de quelque source et d'un peu de broussaille sèche pour faire du feu. Nous trouvons ce qu'il nous faut au pied d'un rocher. Deux tentes reçoivent nos personnes et nos bagages.

Le 30 juillet, en attendant le premier repas, nous cueillons le peu de plantes que nous offrent les rochers du voisinage : Campanula Herminii, Link; Arabis Boryi, Boiss.; Armeria plantaginea, Willdn, etc. Nous employons plusieurs heures à parcourir la partie supérieure de la chaîne. C'est une espèce de plateau monotone variant assez peu d'altitude, sans vallées, sans cours d'eau, avec des blocs épars, des gazons courts, rares, maigres et pierreux, où croissent le Hieracium castellanum, Boiss. et Reut.; le Nardus stricta, L.; le Plantago subulata, L.; quelquefois de légères dépressions sur ce sol granitique sont occupées par de petites flaques d'eau, où croissent un petit Batrachium, la Drosera rotundifolia, le Juncus squarrosus, L.; Juncus uliginosus, Roth (J. supinus, Mœnch); Juncus pygmæus, Thuill.; Juncus Tenageia, L., f. var. nana uniflora; Arenaria rubra, L. Ailleurs, sur des terrains un peu différents, c'est le Sedum Anglicum, Huds.; le Galium saxatile, L.; la Gentiana pneumonanthe, L. Un vent violent règne sur ces parages désolés et nous oblige à défendre à deux mains nos chapeaux. Une ou deux fois une troupe de paysans, hommes, femmes et bêtes de charge, traversent sans s'arrêter.

Vers le milieu de la journée, un nuage nous voile le soleil. On entend un tonnerre lointain, quelques gouttes de pluie nous menacent. Tout se dissipe bientôt après. Nous approchons du point culminant de la chaîne, précédé d'un endroit abondamment arrosé. Nous faisons halte. Près de là s'ouvre une pente rocailleuse et précipiteuse où M. Boissier entreprend de descendre, tandis que MM. Levier et Leresche gravissent vers le sommet. Sur celui-ci a été construit un signal devant servir probablement à la triangulation du pays. On est là au bord de la chaîne, la vue s'étend au loin vers l'ouest et le sud. C'est une immense panorama qui se présente sous l'aspect d'une plaine sans limites dans laquelle les collines et les vallons ont disparu. Dans le vague d'un horizon roussâtre, il est impossible de discerner si on peut voir l'océan au delà de la terre-ferme.

A quelques lieues de la base de la montagne, un fil d'argent serpente à travers le panorama. Aucun naturel du pays n'est à notre côté pour nous dire le nom de cette rivière. A un coin extrême, vers le sud-ouest, un chaînon de collines ou de montagnes basses termine le tableau. Du côté opposé, vers l'est, la Serra Estrella se prolonge. M. Leresche croit discerner dans cette direction un lac entouré de rochers, que nous ne pouvions pas voir depuis l'endroit où nous avons fait halte et où nos bagages nous attendent, parce que là on était trop bas. La cime, très exposée à la violence des vents, n'a presque plus de végétation. La seule plante de quelque intérêt est l'Umbilicus sedoïdes, DC. Nous nous rejoignons plus bas, à l'endroit où nous avons laissé nos hommes et nos bagages. M. Boissier, plus heureux et mieux inspiré que nous, nous rapporte des gouffres où il est descendu le Teucrium salviastrum, Hoffmg et Link, et le Silene acutifolia, Link., dont nous avions très peu trouvé, et l'Armeria Duriaei, Boiss., que nous n'avions pas rencontré du tout. Ces trouvailles nous réconcilient avec la Serra Estrella.

Le signal du retour est donné. Nous ne tardons pas à prendre une direction un peu différente de celle par laquelle nous sommes venus. Nous arpentons encore le plateau supérieur. Puis nous descendons vers le nord-ouest, rencontrant sur notre passage des rochers humides en plan incliné, sur lesquels végète magnifiquement fructifié le beau Bryum alpinum. Dans cette région croît aussi l'Erica umbellata, L.; bientôt nous atteignons une région de courte broussaille, au bas de laquelle est un lac de demi-heure à une heure de longueur bordé de quelques rochers. Nous le contournons par sa partie inférieure, qui donne issue à un ruisseau. Nous établissons nos tentes de l'autre côté sur une pelouse abritée.

Le lendemain 31 juillet, M. Leresche, faisant seul une promenade matinale, avise au bord d'une petite anse du lac l'Airopsis agrostidea, DC. (Antinoria Purlat.) Appeler ses camarades pour cueillir cette plante est l'affaire d'un instant. Nous n'avons pas pensé à nous mettre à l'eau pour examiner si ce lac recélerait quelques Isoëtes.

Abandonnant cette station, nous n'avons pas beaucoup tardé à rentrer sur nos pas de l'avant-veille. Notre retour à S. Romao, par le même vallon que nous avions suivi en montant, ne nous a rien offert de nouveau, et nous rentrons à Coïmbre le lendemain matin. M. Enriques a l'obligeance de nous communiquer quelques-unes des espèces qui croissent dans les environs de cette ville. Nous les indiquons ici à titre de renseignement à l'usage de ceux qui auront l'occasion d'y herboriser.

ESPÈCES QUI CROISSENT AUX ENVIRONS DE COIMBRE

d'après M. le professeur Enriques[1].

Clematis Campaniflora. Brot.	Brassica Sabularia. Brot.
Ranunculus adscendens. Brot.	Diplotaxis Catholica. D. C.
Delphinium pentagynum. Lam.	Cleome violacea. L.

---

[1] La plupart de ces plantes ont été décrites et figurées dans les ouvrages de Félix Avellar-Brotero, professeur à Coïmbre. Son premier ouvrage, autant que nous sachions, est daté de 1788, accompagné de trente et une tables. Sa *Flora lusitanica*, publiée à Lisbonne en deux volumes, est datée de 1804. Sa *Phytographia Lusitanica*, publiée à Lisbonne, et accompagnée de cent

Helianthemum guttatum. Mill.
Drosophyllum lusitanicum. Link.
Silene distachya. L.
Silene lusitanica. L.
Arenaria conimbricensis. Brot.
Linum setaceum. Brot.
Adenocarpus hispanicus. ??
Spartium grandiflorum. Brot.
Genista triacanthos. Brot.
Genista falcata. Brot.
Genista tridentata. L.
Lupinus luteus. L.
Cornicina lotoïdes. Boiss.
Phaca bætica. L.
Ervum varium. Brot.
Laserpitium thapsiforme. Brot.
Eryngium tenue. Lam.
Daucus meïfolius. Brot.
OEnanthe apiifolia. Brot.
Buplevrum paniculatum. Brot.
Viburnum Tinus. L.
Pulicaria odora. Reich.
Carlina racemosa. L.
Carlina gummifera. L.
Carlina Hispanica. L.
Bourgæa humilis, Coss.
Centaurea pullata. L.
Hypochœris adscendens. Brot.
Thrincia grumosa. Brot.
Crepis taraxacifolia. Thuill.
Campanula Lœfflingii. Brot.
Campanula primulæfolia. Brot.

Pinguicula lusitanica. L.
Erythræa maritima. Pers.
Vinca media. Hoffmg. Link.
Convolvulus tricolor L.
Omphalodes nitida. Hoffm. Link.
Caryolopha sempervirens. Fisch.
Linaria multipunctata. Hoffmsg. Link.
Linaria sapphirina. Hoffm. Link.
Linaria saxatilis. *Var.*
Linaria mæonantha. Lk. et Hoff.
Linaria spartea. Hoffmsg. Link.
Linaria triornithophora. Willdn.
Antirrhinum Orontium. L. β. calycinum.
Trixago apula. Stev. *Var. β* versicolor.
Lavandula Stœchas. L.
Lavandula pedunculata. Cav.
Cleonia lusitanica. L.
Nepeta tuberosa. L.
Salvia satureioïdes. Brot.
Salvia sclarioïdes. Brot.
Salvia verbenacoïdes. Brot.
Salvia clandestina. L.
Melittis melissophyllum. L.
Plantago lusitanica. L.
Plantago Bellardi. All.
Plantago coronopifolia. Brot.
Urtica lusitanica. Brot.
Salix atrocinerea. Brot.
Salix salviæfolia. Hoff. et Link.

quatre-vingt et une figures a paru, le premier volume en 1816, le second et dernier en 1827. Il est difficile de savoir jusqu'à quel point Hoffmansegg et Link dans leur *Flore portugaise* ont profité des renseignements et communications de Brotero. Il est de fait que, dans la publication de leurs ouvrages ces auteurs se courent après et que plusieurs de leurs figures représentent les mêmes espèces.

Quercus Suber. L.
Leucojum autumnale. L.
Trichonema Bulbocodium. Ker.
Ornithogalum nanum. Brot.
Scilla pumila. Brot. (Scilla mo-
  nophyllos. Link.)
Narcissus bulbocodioïdes. Brot.

Carex dimorpha. Brot.
Carex longiseta. Brot.
Aira lævis. Brot.
Anthoxanthum amarum. Brot.
Agrostis rivularis. Brot.
Polypogon Monspeliensis. Desf.
Cheilanthes hispanica. Metten.

Le 1ᵉʳ août, dans le milieu de la journée, nous partons de
Coïmbre en chemin de fer pour Lisbonne. Dans ce trajet, nous
remarquons dans les champs qui bordent la voie ferrée, l'Asphodelus æstivus, Brot., *Fl. lusit.*, I, pag. 525, espèce bien différente de toutes celles que nous avons vues ailleurs. La vapeur,
à notre grand regret, ne nous laisse pas le temps de la cueillir.
Le soir, nous atteignons Lisbonne entre neuf et dix heures, et
nous allons loger à l'hôtel de Bragance.

LISBONNE ET CINTRA
2 août 1878.

La capitale du Portugal est une belle ville longeant la rive
droite du Tage. Elle occupe des collines parallèles au fleuve qui
lui sert de port et vers lequel ses rues descendent par des pentes
plus ou moins modérées. En amont, le Tage s'élargit en un bras
de mer au bord duquel sont bâtis des villes et villages. Vis-à-vis
de Lisbonne les rives se rapprochent tout en laissant entre elles
assez d'espace pour que des navires de toute grandeur puissent
stationner à l'aise et circuler sans encombrement. La vue de
ce panorama est fort belle. Il n'entrait pas dans notre programme
de séjourner à Lisbonne. Au mois d'août, des herborisations dans
la campagne environnante, nous auraient offert peu d'intérêt.
Nous prenons une voiture qui nous transporte à Cintra où nous
arrivons le même soir 2 août.

Cintra est une petite ville à quatre ou cinq lieues à l'ouest ou nord-ouest de Lisbonne sur la pente inférieure èt septentrionale d'un petit massif montagneux dont les points les plus élevés ne dépassent guère quinze cents pieds au-dessus de la mer. A l'ouest, la base de ces monts est baignée par l'Océan. Ils sont de formation siliceuse et donnent naissance à quelques petits cours d'eau de peu d'étendue. La partie moyenne est boisée ; la partie supérieure revêtue de broussailles et de bruyères. Cintra est un but d'excursion pour les habitants de Lisbonne. Les grands seigneurs y ont des maisons de plaisance. Favorisée par des pluies fréquentes, la végétation y conserve longtemps sa fraîcheur.

Dès notre arrivée et à peine installés dans une bonne auberge, M. Levier brave la pluie pour faire une recherche de mousses dans les bois des environs. Le lendemain 3 août, nous consacrons la journée à faire une herborisation sur les hauteurs de l'ouest où existait autrefois un couvent de capucins, maintenant la propriété d'un Anglais. Dans un bois clos de murs à la sortie supérieure de Cintra, M. Levier cueille abondamment l'Asplenium palmatum, Lamk. En continuant notre chemin, nous l'avons retrouvé plus haut dans les fissures d'un vieux mur ombragé. Au bord de la route, une villa attire nos regards par une plantation de citronniers couverts de fruits. Sur les vieilles branches de grands arbres garnis de mousse, nous voyons quelques plantes de la Davallia canariensis. Toujours dans la région boisée, nous entrons dans les promenades d'une magnifique campagne qui étale à profusion une vigoureuse végétation d'arbres des tropiques parmi lesquels d'élégantes et gigantesques fougères arborescentes excitent notre admiration. La Bougainvillea speetabilis, Willdn, splendidement fleurie, tapisse les murailles. Il faut se faire violence pour s'arracher de ce paradis. Un peu plus haut, à la sortie des bois, un petit ruisseau descendant des régions supérieures, coule dans un pli du terrain à travers des touffes d'Erica ciliaris, L. ; de Dabœcia polifolia, Don., et de diverses plantes parmi lesquelles nous cueillons une rare cynarocéphale, le Ptosimopappus uliginosus [1] soit Centaurea uliginosa, Brot., *Flor. lusit.*, I, pag. 368, et *Phyt. lusitanica*, I, pag. 65 et 206, tab. 30 (année 1816). DC., prod. 5, page 603, numéro 222, année 1837. (Inter Centaureas non satis notas recensita.) Cette rare et belle espèce n'a pas encore été trouvée en Espagne. Voyez Willk et Lge, *Fl. hisp*, II, pag. 170. Malheureusement nos boîtes trop pleines n'ont pu recevoir qu'un bien petit nombre d'échantillons de cette grande plante.

Dans le même endroit, nous cueillons le Myosotis repens, Don. A partir de là le chemin s'élève à travers une région de courtes broussailles composées de Quercus humilis, Lam., espèce naine de trois à quatre pieds seulement ; Genista triacanthos, Brot. ; Cistus salviæfolius, L. ; Helianthemum Tuberaria, Mill. ; Lythrum Græfferi, Ten. ; Conopodium capillifolium, Boiss. ; Anthemis nobilis, L. ; var discoïdea, Calluna erica, DC. ; Erica ciliaris, L., Dabœcia polifolia, Don. ; Erica arborea, L. ; Agrostis capillaris?, L. ; Juncus supinus, Mœnch, un Daucus indét. ; Calamintha Nepeta, Hoffm. ; Thymus villosus, L. : Benth. in DC., prod. 12, pag. 204. Espèce rare (mal à propos confondue avec le Thymus lusitanicus, Boiss., *Voy. Esp.*) Ses touffes, abondamment chargées de belles fleurs roses en capitules, ornent le bord des chemins dans cet endroit où l'espèce abonde, etc., etc.

Parvenus au terme de notre course, nous visitons encore le couvent des capucins, veuf de ses moines, dont il n'a gardé que la tradition. C'est une construction peu étendue, qui nous a paru avoir davantage le caractère d'un ermitage que d'un couvent. Descendant quelque peu depuis là, M. Levier par la droite,

---

[1] *Ptosimopappus*. Ce genre, créé par M. Boissier, *Voyage Esp.*, pag. 740, et *Fl. Orient.* III, pag. 613, comprend quelques espèces détachées du genre Centaurea dont la plus connue est Ptosimopappus sempervirens (Centaurea sempervirens, L.), qui ressemble à la nôtre. Mais le Pt. uliginosus a les capitules uu peu plus gros portés sur de longs pédoncules nus dans leur moitié supérieure garnis de quelques feuilles linéaires dans leur moitié inférieure plus étroites que celles du Pt. sempervirens. La figure de Brotero est bonne, mais pour les feuilles inférieures et radicales, notre plante répond mieux à ce que Brotero dit de la sienne dans la note additionnelle au bas de la page 206.

MM. Boissier et Leresche par la gauche, nous rencontrons les uns et les autres avec beaucoup de satisfaction, le Leucojum autummale, L., jolie petite espèce à une ou deux fleurs nutantes, petites, d'un blanc un peu rosé, à feuilles très étroites, croissant dans des terrains gramineux, arrosés par de petits filets d'eau, bordés de quelques rochers.

Nous n'avons pas rencontré la Woodwardia radicans, Cav., qu'on indique dans cette contrée.

Revenant par le même chemin, nous rentrons à Cintra où nous attend un dîner accueilli de bon appétit. Le 4 août 1878, nous faisons une promenade moins étendue que la course de la veille. Elle a pour principal objectif une visite de curieux au Château-du-Roi, ancien monument bâti comme un nid d'aigle sur un rocher escarpé.

L'herborisation est moins variée que celle de la veille. Sur les murs de Cintra, c'est d'abord le Trachelium cæruleum, L., qu'en qualité de gens du nord nous sommes presque obligés de cueillir, mais avec beaucoup de modération, malgré son élégance et son bon parfum. Au sortir de la ville, dans un endroit à demi escarpé, c'est le Ptosimopappus sempervirens, Boiss. (Centaurea sempervirens, L.) Puis nous nous engageons dans un chemin bordé de murs protégeant des jardins. M. Leresche croît se souvenir y avoir vu l'Asplenium lanceolatum, Huds. Bientôt débarrassés de ces murs, nous pouvons mettre la main sur quelques brins d'herbe. Hélas ! c'est quelques unes de nos plantes de la veille ; moins les plus rares, par exemple, Cistus salviæfolius, L. ; Helianthemum tuberaria, Mill., Anthemis nobilis, L. Nous retrouvons aussi le beau Thymus villosus, L., et dans un endroit anfractueux, quelques jeunes plantes d'Asplenium palmatum, Lamk, que le soleil a discrètement épargnées. Puis, engagés dans les allées serpentueuses et ombragées qui précèdent les abords du château, honteux de nos boîtes de fer-blanc, nous n'osons plus rien cueillir.

Le château bien conservé et bien entretenu est un assemblage de constructions de différentes dates et de différents styles. De-

puis les tours qui le couronnent dans les airs, on a une vue
très étendue sur les monts de Cintra, la ville et le pays environnant jusqu'à l'Océan dans un lointain ouest. Le retour à
Cintra ne nous offre rien de nouveau et le même soir nous rentrons à Lisbonne.

Le 5 et le 6 sont employés à soigner nos plantes, visiter la
ville et les monuments, faire quelques emplettes et une promenade sur la rive gauche du Tage. Le soir nous prenons place
dans le chemin de fer pour Madrid par Badajoz et l'Estramadure.
Long trajet, dans le commencement duquel nous avons encore
revu sans pouvoir le cueillir, l'Asphodelus æstivus, Brot.

Après avoir dépassé Badajoz (7 août), un chaînon de basses
montagnes rocailleuses nous présente à notre droite et à une
certaine distance leur escarpement nord. La manière dont elles
sont coupées ferait soupçonner une formation calcaire ou schis-
teuse. Explorées en avril ou mai, elles auraient probablement
fourni des plantes intéressantes. Une longue traite à vol d'oiseau,
faite en grande partie de nuit, laisse peu de souvenirs. Le 8 août,
au matin, nous arrivons à Madrid.

Nous constatons avec regret l'absence de M. le professeur
Graëlls. Nous faisons visite à M. le professeur Colmeiro, directeur
du Jardin botanique. Les herbiers sont réunis sous sa surveillance
dans un bâtiment attenant au jardin. Il nous en fait aimablement
la démonstration. Les paquets que nous avons pu entr'ouvrir
soit en fait de plantes desséchées, soit en fait de figures, nous
ont convaincus que de grandes richesses presque entièrement
inédites sont contenues dans ces collections.

La belle galerie de tableaux reçoit aussi notre juste tribut
d'admiration.

A notre grand regret, M. Boissier nous annonce sa décision
de clore là son voyage et de rentrer en Suisse. Il insiste pour
que nous achevions le programme arrêté dès le commencement
en explorant encore la Sierra de Gredos. Nous n'essayons pas
de lui faire changer de résolution. Le même soir s'accomplit.

notre séparation avec de mutuels regrets de la part de chacun de nous. M. Boissier accompagné de son fidèle David Ravey prend le chemin de fer d'Avila-Bayonne-Paris. Après lui avoir fait nos adieux et adressé nos meilleurs vœux pour son bon retour en Suisse, nous restons à deux MM. Levier et Leresche privés de l'expérience et du grand savoir de notre ami.

En cette saison, les rues de Madrid sont animées le soir par un mouvement extraordinaire. Toute la population cherche à se dédommager d'avoir été retenue captive par la chaleur torride de la journée. La belle promenade du Prado fourmille d'équipages fringants, de messieurs et de dames élégantes. Nous donnons un coup-d'œil à ce spectacle avant d'aller chercher le repos.

Le lendemain 9 août [1], nous fîmes avec M. Leresche quelques emplettes, papier, cartons, etc.; et vers quatre heures du soir, après avoir à grand'peine fini de boucler nos valises et de fermer nos paquets de plantes, nous dîmes adieu à Madrid. Déjà nous avions distinctement senti l'absence de *tutelle*. Rien n'était prêt. Encore un peu et la tente restait en arrière. Nous nous jetâmes non pas dans un, mais dans deux fiacres, écrasés chacun par nos bagages, persuadés que nous manquerions le train. Nous arrivâmes cependant. Au guichet, on me demanda pour les deux places cent et quelques... sans dire quoi. Je sortis, plein de stupéfaction, cent et quelques francs, mais l'employé repoussa deux de mes pièces d'or et me rendit encore un tas d'argent sur les deux autres. C'étaient des réaux qu'il avait voulu dire. Je me le tins pour dit. Enfin nous étions partis.

La route est monotone jusqu'à la traversée du Guadarrama. Le monastère de l'Escurial ne se voit pas dans toute sa beauté, on passe trop bas pour en avoir une impression complètement satisfaisante. Néanmoins, c'est un beau coup d'œil. Ce qui me fascinait surtout, c'était les montagnes au-dessus. Je me représentais, au sommet, les petits paquets d'Armeria cæspitosa,

---

[1] Récit de M. Levier, extrait d'une lettre à M. Boissier lui rendant compte de la continuation de notre voyage après son départ.

Boiss., probablement défleurie et desséchée, et tant d'autres belles plantes que nous laissions derrière nous. Mais enfin, nous allions à la Sierra de Gredos ! et je me consolais en pensant au *Ranunculus abnormis*, Cut., dont je faisais déjà en esprit un carnage épouvantable. A la gare d'Avila, où nous descendîmes vers neuf heures du soir, il y avait restaurant français et, ce qui était plus important pour nous, un restaurateur aimable, qui promit de nous porter aide et secours pour notre course à Gredos. Nous commençâmes par déposer chez lui le gros de notre argent, contre reçu, opération qui ne laissa pas que de nous causer quelque inquiétude plus tard, mais bien à tort. Puis nous portâmes notre petit et gros bagage dans une auberge voisine, où notre homme nous avait trouvé deux chambres. Il nous proposa alors de nous faire accompagner par un guide d'Avila, qui connaissait la Sierra de Gredos pour y avoir déjà piloté plusieurs fois des messieurs étrangers venus pour acheter du bois, etc. « Cet individu, nous disait-il, parle un peu le français ; c'est lui qui s'occupera de vous trouver des gîtes, des vivres, des montures dans les villages. » Cela nous décida. C'était un gros petit homme, grisonnant, à face un peu vulgaire, aimant un peu trop, comme nous le vîmes plus tard, la bouteille ma mie, surtout l'aguardiente, faisant discrètement la cuisine (pas comme David Ravey, ah ! par exemple, non !) et sachant tout juste assez de français pour comprendre... nos gestes. Il traduisait imperturbablement *hamon* par *chameau*, et nous offrait du chameau à chacune de nos haltes quand on déballait le panier aux vivres. Nous finîmes par adopter nous-mêmes ce vocable et je m'habituai bien vite au chameau cru, tandis que M. Leresche sympathisait plutôt pour le chameau cuit.

Après un long conciliabule, tenu le soir avec Agostino sur la meilleure manière d'arriver à la Sierra de Gredos, il fut décidé que nous partirions à l'aube avec une diligence allant à Priedrahita, le village le plus voisin (ou le moins éloigné) de la montagne, pouvant être atteint par une route carrossable. Nous comptions donner trois jours à la montagne et revenir le quatrième, le tout pour 15 pesetas payables à M. Agostino au retour. La partie s'allongea un peu, comme vous le verrez tout à l'heure, et les quatre jours devinrent neuf jours, toujours en vertu du même phénomène qui fait qu'une lieue espagnole en vaut deux suisses.

Si mes souvenirs ne me trompent pas, il y a six à sept heures de diligence d'Avila à Piedrahita ; on traverse tout le Val Amblés, qui est d'une longueur désespérante, puis on grimpe sur une assez haute montagne, pour redescendre de nouveau, pendant plusieurs heures, jusqu'à Piedrahita, qui est encore tout à fait dans les régions basses. M. Leresche était content tant qu'on montait. Mais à la descente, à la vue des noyers, il commença à secouer la tête, en signe de désapprobation. La route était nouvelle pour lui ; il espérait se rapprocher plus vite des régions supérieures. Mais quand nous aperçûmes des vignes, de vraies vignes, la désapprobation de M. Leresche ne connut plus de bornes. Agostino se défendit le mieux qu'il put, nous jurant ses grands dieux que c'était la seule route, que tout le monde passait par là, qu'il était tout à fait innocent de ces malheureuses vignes, etc., etc. Mais M. Leresche n'était décidément pas content. Une bonne demi-heure avant Piedrahita, sous un soleil épouvantable, il voulut sortir de la diligence et faire le reste de la route à pied. Je n'eus pas le courage de sortir avec lui.

Piedrahita est un grand bourg, avec des boutiques, une place pavée, un bureau postal. Tout autour s'étendent des terrains onduleux, sablonneux, poudreux, radicalement brûlés par le soleil, et n'hébergeant que quelques rares plantes dans le voisinage des petits cours d'eau. La diligence s'arrêta dans la cour d'une grande auberge assez propre, avec un premier étage où je m'établis en attendant M. Leresche. Il était passé midi : donc peu d'espoir de commencer dès aujourd'hui notre excursion proprement dite. Pour cela, il fallait trouver des mulets, faire provision de vivres, etc., etc. Effectivement, Agostino ne tarda pas à nous annoncer que nous ne partirions que le jour suivant ; che-

vaux et mulets étaient tous aux champs, — c'était le grand moment de la récolte, — et ce fut une grande discussion que celle
du prix de nos trois animaux. On finit par s'entendre, mais au
grand détriment de nos pesetas. 4 pesetas par mulet et 4 pour
le muletier, par jour, cela faisait 16 pesetas par jour. Si nous
n'acceptions pas, nous n'avions qu'à retourner à Avila. Cette
question réglée, il fallut s'occuper de la mangeaille. Agostino
avait compris, — trop bien compris, — car le lendemain on
chargea sur l'un de nos animaux une véritable charge de chameau, — de quoi traverser le désert, — charge qui allégea notre
bourse de *40 pesetas !* C'est à partir de ce moment que com-
mencèrent nos défiances envers Agostino ; il était évident que
notre homme entendait bien manger et boire mieux : quant à
faire le métier de guide, il prouva bientôt qu'il ne connaissait
pas du tout le pays. Le soir se passa à courir un peu les champs,
dans l'espoir de trouver quelques plantes, épargnées par la sécheresse et par la dent des bestiaux. Il y avait *eu* de bonnes
plantes, cela se devinait et se voyait même. Un peu d'*Eryngium
tenue*, Lam.; pas mal de *Preslia cervina*, Fresen ; *un* échantillon
abominable de *Hispidella hispanica*, Lam.; du *Pulicariu arabica
var-hispanica* ; du *Brassica lœvigata*, Lag.; un mauvais échantillon de *Buffonia macropetala*, Willk., *Centaurea carpetana*,
Boiss.-Reut., Verbena supina. L. et quelques autres espèces plus
communes, voilà ce que nous trouvâmes de plus remarquable.

Le lendemain, départ de la petite caravane pour des destina-
tions inconnues. Il faut dire qu'à Piedrahita on ne devine absolument pas où est la Sierra de Gredos. Le village est adossé à
une petite chaîne de monts, parallèles avec la Sierra et la mas-
quant entièrement. Au surplus, nous n'avions pas de carte ; il
fallut donc nous en remettre entièrement à nos deux guides. Le
muletier était une sorte de nain avec la bouche fendue jusqu'aux
oreilles, très gai, très rieur, toujours content, trottant sur ses
petites jambes cagneuses autour de nos bêtes, les animant, les
stimulant, nous déracinant, à côté du chemin, tout ce que nous

voulions et sans se fâcher quand nous jetions les spécimens qui lui avaient coûté le plus de fatigue. M. Leresche était préoccupé. La route que nous suivions, allait, selon lui, trop à l'ouest et nous éloignait donc de notre but. Interpellés à plusieurs reprises pourquoi nous n'attaquions pas de front la petite chaîne qui nous séparait de Gredos, nos hommes répondaient toujours que c'était la bonne, la vraie route, qu'immanquablement nous arriverions à Naval Peral, etc., etc; M. Leresche accepta ces arguments d'abord, mais à un point donné, le muletier se trompa évidemment de route pour s'être dirigé trop vers l'ouest, au pied de la montagne, et ce furent des paysans qui nous remirent dans le bon chemin. Alors M. Leresche se fâcha sérieusement. Il descendit de cheval, agita sa canne, s'emporta un peu, et fit si bien qu'au lieu de continuer par l'ennuyeuse route stérile du pied de la montagne, nos hommes, tout ahuris, tournèrent à gauche et attaquèrent la montée de front. Bien nous en prit, car, au bout d'un quart d'heure déjà, je vis un champ vert, à ma droite, tout couvert de fleurs rouges magnifiques qui ne pouvaient être que quelque chose de très bon. En un clin d'œil, j'avais sauté à bas, enjambé un mur et pénétré dans le pré. C'était l'*Erodium carvifolium*, Reut. en exemplaires superbes. M. Leresche fit comme moi, nous détachâmes nos paquets de papier, et mîmes sous presse séance tenante. C'est tout près du village de *Nava munana*, environ à 2 $\frac{1}{4}$ heures (de mulet) de Piedrahita que nous fîmes cette première halte. (Parmi de nombreux échantillons à fleurs rouges, il y en avait quelques uns à fleurs blanches.)

Peu après, la montée devint plus dure, à mesure que le soleil devenait plus chaud. La dernière heure, jusqu'au sommet de la petite chaîne, fut même assez dure , il n'y avait plus de route, nous avancions tout droit, à travers un véritable maquis de Sarothamnus purgans, aux dômes arrondis, couvrant toute la montagne et incendié par place. A chaque instant, nos pieds s'arrêtaient dans ces buissons, et à force de perdre nos étriers, nous finîmes par nous en passer tout à fait, et par faire le dernier bout de la montée à pied. Agostino était resté en arrière ; depuis plus d'une heure nous ne l'avions plus aperçu et espérions l'avoir déjà définitivement « semé. » M. Leresche commandait : En avant ! en avant ! tant pis pour les traînards !

Enfin nous touchâmes le haut du plateau, et la vue de la haute chaîne de Gredos se déroula à nos yeux dans toute sa majesté. La chaîne est terriblement longue ; à ses deux bouts, visibles de là, elle paraît moins élevée ; par ci par là elle est interrompue par de profondes entailles, et, au milieu, juste en face de nous, se dressaient les dentelures les plus élevées, un petit système de pics abrupts, sous lesquels, de notre côté, devaient se trouver les fameuses lagunes, but de notre course. Mais tout cela nous paraissait, ou me paraissait encore à une distance énorme. Il s'agissait de redescendre dans la profonde vallée qui nous séparait de la Sierra, et il était évident que, pour la journée, il n'était pas question de dépasser Naval Paral, situé tout au bas, à nos pieds. Une autre chose nous frappa : c'est que la Sierra de Gredos, même à son centre le plus élevé, n'avait plus du tout de neige, Or, seize ans auparavant, M. Leresche avait été arrêté par ces accumulations formidables de neige, qui (le 22 juillet environ) l'avaient empêché d'atteindre les cimes au-dessus de la grande lagune et qui lui avaient fait admettre pour la hauteur de la chaîne, une élévation peu inférieure à celle de la Sierra Nevada. Cette première évaluation se modifia quelque peu, et maintenant, après le voyage, nous estimons approximativement, cela va sans dire, la hauteur de Gredos à 8500 pieds[1].

Nous étions enfin sortis des Sarothamnus purgans, et nous nous trouvions dans des pâturages semi-alpestres ; à une petite distance de nous paissaient des vaches en assez grand nombre ; et bientôt nous avions atteint une petite source, entourée de ces mêmes petits marais que nous avons si souvent rencontrés à la

---

[1] L'annuaire 1862 de l'observatoire de Madrid, pag. 181, cote cette altitude à 2650 mètres soit 8833 pieds.

Serra d'Estrella. Nous avions soif et faim ; il fut décidé de déjeuner là. A peine le sac aux vivres était déballé, qu'Agostino reparut, ruisselant de sueur, rouge comme un coquelicot. La barrique de vin subit alors un rude assaut. Mais nos provisions paraissaient inépuisables ; on appela le berger, qui nous apporta une corne remplie de bon lait ; et on l'invita à dîner avec nous. Le pauvre homme était manchot, de son avant-bras droit il ne restait qu'un tout petit moignon, dont il se servait avec une adresse merveilleuse, même *pour rouler sa cigarette*, et battre briquet. Il posait son papier avec le tabac dans le pli derrière le moignon, relevait celui-ci, et roulait sa cigarette, en s'aidant un peu des doigts de la main gauche. J'ai trouvé cela très fort. En fait de plantes, je n'ai à noter de cet endroit qu'un Holcus, croissant dans et autour des mares, peut-être *setiglumis?* mais la détermination reste à revoir. Dans le premier village au-dessous du plateau, sur le chemin de Naval Peral, à *Nava Sequilla*[1], et plus bas encore, à *Zapariel de la Ribeira*, le Scrophularia Herminii, très passé et presque trépassé, croissait dans les décombres, le long des vieux murs et près des maisons. Nous l'avons revu dans tous les villages en face de la Sierra de Gredos, de l'autre côté de la Tormes, jusqu'à Hoyoquesero ; mais partout défleuri, et rarement en feuilles entières. Un peu avant Naval Peral nous eûmes le plaisir de cueillir, en bon état, *Centaurea ornata*, Willd. que nous avions déjà vue tout le long du val Amblès, sans pouvoir la prendre. Nous la revîmes une dernière fois à notre retour, dans le val Amblès, tout près de Villatoro, en fleurs et en fruits.

Nous arrivâmes à Naval Peral bien avant le coucher du soleil. Il nous sembla, à tous deux, que pour une journée nous avions fait bien peu de chemin. Notre manière d'avancer avait quelque chose de « *flâneur* ; » nos bêtes, nos provisions, nos hommes,

---

[1] A. Nava Sequilla commence la région des champs. De là à Zapariel nous avons vu Senecio Duriæi, Gay ; Silene Legionensis, Lag ; Lavandula pedunculata, Cav., Digitalis thapsi. L., Blitum virgatum. L.

tout cela marchait lourdement, à la débandade ; avec vous, on
faisait plus vite, et on n'avait jamais l'impression d'avoir perdu
du temps. Au contraire. Il fallait s'arracher des bons endroits,
et vous savoir gré de ne pas nous être attardés sottement. Je ne
pleure que le genista épineux de la vallée du Sil, un peu avant
le Cheilanthes hispanica : je commence même à soupçonner que
cela aurait pu être le G. Barnadesii [1] (?)

Nous nous arrêtâmes devant la seule posada de Naval-Peral ;
elle était fermée. Les voisins coururent de côté et d'autre pour
chercher la propriétaire, qui finit par arriver après une grosse
demi-heure. Le village s'était un peu attroupé autour de nous
et nous pûmes étudier les costumes castillans. Ce peuple aime
les couleurs voyantes : rien de plus singulier que les jupes
jaunes (jaune-canari ! étoffe en laine du pays) avec les corsages
rouges ou verts, et les rubans multicolores des femmes. Les
hommes portent la culotte courte, le veston court, et le grand
sombrero de velours, à pompons. Nos chapeaux nous faisaient
honte à côté de ces couvre-chefs pittoresques. Quant à la beauté,
il ne fallait pas la chercher parmi ces braves paysans. Si près
de Madrid, j'espérais voir des types plus remarquables. De quelle
pâte sont donc faits les Madrilènes ? Où diantre les senoras et
les senoritas du Prado et du Buen Retiro ont-elles pris ces
visages de madones non raphaëlesques, mais de Murillo ? Par
quel phénomène de sélection toute la beauté de la Castille s'est-
elle accumulée à Madrid ? Grave question d'anthropologie qui
trouvera peut-être son explication bien simple dans l'attraction
que tout grand centre exerce sur les provinces d'alentour. Après
Madrid, je n'ai vu qu'à Pesth un si grand nombre de beaux types :
mais Madrid prime Pesth, Milan, Rome. La beauté romaine ne
se voit, du reste, que bien peu dans la ville éternelle. Elle s'est
réfugiée dans les montagnes des Volsques, dans le pays autour
du mont Meta, où j'ai vu (pour citer le peu que j'ai vu) les plus

---

[1] Il faut se souvenir que cette narration est extraite d'une lettre à
M. Boissier.

beaux paysans et les plus belles paysannes de l'Italie, tels qu'on n'en voit jamais à Rome même.

Le premier soin de notre fac totum, à Naval-Peral, fut de s'occuper de notre souper. Aidé par notre hôtesse, il organisa bientôt une pantagruélique fricoterie, et le rez-de-chaussée s'emplit d'odeurs appétissantes ; on entendit la fusillade des truites enfarinées, jetées dans le *manteca* bouillant, de grands pots de fayence s'emplirent de vin, une table fut dressée, et Agostino se montra dans toute sa gloire de maître d'hôtel, de cuisinier et de sommellier. C'était ce qu'on appelle une *captatio benevolentiæ*, car le bonhomme nous préparait une surprise moins agréable. Il se trouva que ni lui ni le muletier n'avaient la moindre idée de la route à suivre le lendemain, pour atteindre les lagunes de Gredos. Il fallait donc un nouveau guide. Au lieu d'un, il nous en présenta deux, des pêcheurs de truites, habitués à fouiller tous les ruisseaux de la montagne, et très au fait de tous les sentiers. Cela nous faisait quatre hommes au lieu de deux, ce qui nous parut inacceptable. Mais en dépit de nos déclarations les plus catégoriques, le lendemain matin les deux hommes de Nava-Peral étaient là, prêts à partir avec nous, et un nouveau supplément de vin, d'eau-de-vie, de manteca et de « chameau » avait été chargé sur la bête aux provisions, qui commençait à ressembler à un dromadaire. Les pêcheurs nous expliquèrent qu'ils ne viendraient qu'à deux ou point, que la surveillance de la caravane était trop pénible pour un seul, que les bagages à transporter à bras, dans les endroits difficiles, étaient absolument trop lourds pour un guide seulement, et mille autres choses que nous ne comprîmes qu'à demi. Ce qui était clair, c'est que M. Agostino voulait être *solidement* aidé, ne rien porter lui-même et commander en maître. Il y eut, à la suite de cette découverte, une discussion un peu orageuse, où nous entendîmes tous les jurons de la Nouvelle et de la Vieille-Castille, et qui nous mit tous d'une humeur massacrante pendant toute la matinée. Il fallut naturellement passer sous les fourches cau-

dines de nos hommes, sous peine de chercher un autre guide et
de perdre un temps précieux. Il fallut, en outre, payer un compte
de 18 pesetas à l'hôtesse, pour toutes les victuailles dévorées la
veille et empaquetées dans nos corbeilles. Trois *duros* étaient
exigés par les deux truitiers pour les trois jours de l'expédition.
Je ne veux pas dire de mal de ces deux Castillans. C'étaient des
jeunes gens alertes, actifs, de bonnes manières, très serviables,
grimpeurs intrépides, et sans eux je n'aurais pas rapporté de la
Sierra de Gredos plusieurs de mes meilleures plantes. En revanche,
je me serais bien passé de notre sac à anisette d'Agostino, malgré tous ses talents culinaires. (L'eau-de-vie de ce pays est un
alcool quelconque, édulcoré à l'anis.)

C'est le 12 août, au matin, que nous commençâmes notre expédition proprement dite à la Sierra de Gredos. La sortie de
Naval-Peral est, comme tous les abords de villages espagnols,
aspera, *lapidosa* et *lutulenta*. Il y avait des arbustes de Salix sal-
viæ folia, Hoffmg et Link, et dans les haies des Quercus toza,
affectés de galles et de cécidies particulières (des galles à collerette ou à couronne proéminente). L'ancien pont de la Tormès
est démantelé et remplacé par une planche vertigineuse que
nous dûmes éviter avec nos bêtes, qui traversèrent le torrent
sans trop de difficulté. Les graviers de son lit nous offrirent en
abondance la Linaria Tournefortii Lge. (Linaria saxatilis, D. C.)
Sur les rochers en face, il y avait des restes abondants, mais
complètement secs, d'une *Saxifraga*, peut-être hypnoïdes. Après
une courte montée on entre dans un fond de vallée, où nous
eûmes le plaisir de cueillir un grand Ferulago, assez semblable
au F. granatensis, Boissier. Puis le Macrochloa arenaria, Kunth.

On s'élève ensuite, à travers une sorte de maquis, où le Sarothamnus purgans finit encore par prédominer. Dans ces buissons, il restait un peu de *Luzula lactea*, mais déjà séchée à la
base; et plus haut, entre les pierres, apparurent les squelettes
jaunes d'une jolie Arenaria (*querioides*, selon M. Leresche).

Nos guides nous avaient fait attaquer de front un des grands contreforts qui, du centre de la Sierra de Gredos, s'avancent au nord, tout en s'abaissant vers la rivière. Il fallait gagner le sommet de ce contrefort, d'où l'on a une vue étendue sur la partie sud-est de la chaîne, longer une arête montant vers la région des lagunes, et tâcher d'atteindre, dans la journée au moins, une de ces lagunes, située déjà en pleine région alpine, mais beaucoup plus bas que la grande lagune proprement dite. Nous suivîmes ce programme, point pour point, et la longue montée ne fut marquée par aucun événement notable. Pour notre déjeuner nous nous étions arrêtés près d'un ruisseau où flottait un Fontinalis, tapissant de larges plaques d'un vert noirâtre les petites anfractuosités de rocher où serpentait le ruisseau. Je me jetai sur ce Fontinalis avec frénésie, croyant que ce pouvait être le *F. Duriaei*; mais M. Schimper, à qui je l'ai soumis, le rapporte au Fontinalis antipyretica, L.

Continuant à nous avancer vers la région supérieure nous ne tardâmes pas de rencontrer le premier buisson de Genista Barnadesii, Graëlls, défleuri mais en fruits. Je le saluai avec enthousiasme. Encore huit jours après mon retour à Florence, je retirais de mes doigts les derniers souvenirs de cet enthousiasme sous forme de longues épines acérées. Un peu plus haut apparut aussi le *Genista carpetana*, Leresche, non moins meurtrier que le premier. Il fit bonne défense, me cribla de coups de poignard, mais ne m'empêcha pas de faire un bon nombre de prisonniers de guerre. Seulement ces affreux genêts ne voulaient jamais rester dans le papier. Près de là, dans une petite mare dont le soleil avait bu toute l'eau, croissait le Juncus supinus, Mœnch; Epilobium palustre, L.; Veronica scutellata, L. Au même endroit, dans le lit d'un ruisseau à demi desséché, je remarquai un petit gazon vert de quelque chose qui n'était *en rien*, mais qui me parut singulier. M. Leresche regarda le gazon, réfléchit un moment et le déclara pour du *Reseda gredensis*, Cut.; voilà une détermination qui certainement était difficile et qui fait le plus grand honneur au coup d'œil de M. Leresche. C'était parfaitement cela ; je pus m'en convaincre le lendemain en revoyant les rares spécimens isolés de la plante fructifiée. Ils s'étaient réfugiés entre des fentes de pierres, et n'avaient pas encore été mangés par les moutons. Le petit gazon fut arraché à votre intention (de M. Boissier), et je suppose qu'il vous est parvenu dans un état encore cultivable. Il y avait aussi, près de là, du Gentiana Pneumonanthe *var. depressa*, qui, au premier abord, paraît tout à fait une autre espèce que le Pneumonanthe. Si je n'avais pas vu le lendemain, près de la lagune supérieure, des exemplaires multiflores, je douterais encore maintenant de l'identité spécifique des deux formes. (Il faut dire que même les spécimens multiflores, toujours plus ou moins couchés à terre, ne sont pas encore notre G. Pneumonanthe de la Thielle près de Neuchâtel.)

Sans nous en apercevoir, nous étions sortis de la région des plantes inférieures. Le paysage devenait alpin. Le dur granit sortait de partout. Mais malgré les hauteurs d'environ 2000 mètres que nous avions certainement atteintes vers le soir, le pâturage ne s'égayait pas de ce riche tapis de plantes alpines qui nous avait accueillis aux Picos d'Europa et au Piço d'Arvas. Le soleil avait fait son devoir, et ce que le soleil avait épargné, les bêtes l'avaient mangé consciencieusement. M. Leresche, égayé un moment par les Genista, retomba dans une sorte de mélancolique contemplation et ne cessait de me répéter : Mon cher monsieur, n'allez pas en Espagne en août !

Pour arriver à la première lagune, qui rappelle de loin celle que nous vîmes à la Sierra d'Estrella (à notre retour des Cantaro Gordo et Flacco), on traverse des amoncellements de roches granitiques de plus en plus formidables. Dans un étroit couloir, près du lac, je déracinai une grosse rosette de feuilles lanugineuses appartenant à un *Pyrethrum* sp. ? (peut-être est-ce le P. anomalum!), mais avec les tiges des fleurs complètement mangées jusqu'à la dernière, de sorte qu'il faudra attendre le développement des rosettes que M. Leresche vous aura rapportées, pour

savoir de quelle espèce il s'agit. Enfin je vis le miroir bleu du
lac et à quelque distance de moi M. Leresche qui faisait de
grands gestes au bord de l'eau, pour m'indiquer qu'il fallait venir vite. Je courus et j'entendis : un *Isoëtes !* Effectivement,
M. Leresche avait découvert d'innombrables rosettes d'un Isoëtes
inconnu (ressemblant pourtant au lacustris, *à l'état frais* du
moins), avec les feuilles horizontalement étalées au fond du petit lac, jusque tout près du bord, de sorte que la plante était
accessible aux mains. Nous avions avec nous des pêcheurs de pro-
fession (on voyait les truites sauter hors de l'eau, et notre homme
d'Avila en *tua* une petite sous nos yeux en lui lançant une
pierre); c'était le moment de leur donner de l'ouvrage. Ils le
firent de très bonne grâce et nous cueillirent, à chacun, assez
d'Isoëtes pour en inonder les herbiers de l'ancien et du nouveau
monde [1]. Tout à côté croissait au bord de l'eau Angelica Pyrenæa, Spreng. En attendant, le jour baissait, et il fallait songer à
notre campement. Le temps était superbe, mais de temps en
temps, les bouffées d'un petit vent froid s'engouffraient dans l'é-
troite vallée où nous étions arrivés. La place pour les tentes fut
bientôt trouvée parmi des touffes de Carduus carpetanus. Une jolie prairie entre le lac et les rochers au nord faisait admirablement notre affaire. Il y avait du combustible; toujours l'éternel
Sarothamnus purgans. *Gordo*, le muletier, en avait empilé un
monceau respectable, et mit le feu à la moitié du tas. Agostino
manipulait fiévreusement ses petits pots, déballait le « chameau, » cuit et cru, les œufs, le pain, dressa la casserole (em-
pruntée à Piedrahita), et nous fit une soupe aux vermicelles,
dans laquelle non seulement les cuillers, mais le pieu central
de notre tente se seraient tenus debout. (Nous avions encore du

---

[1] Les Isoetes ont une organisation connue de peu de naturalistes. Il faut
être spécialiste pour en donner de bonnes descriptions. J'ai envoyé cette
plante à M. Reichenbach fils, professeur à Hambourg. Il m'a envoyé la description suivante qui a déjà paru dans le *Journal of Botany* de Londres, July
1879, article *Decas plantarum novarum in Hispania collectarum*. Je le trans-
cris textuellement ci-après. (Leresche.)

manteca de David.) Les truitiers apportèrent, après l'Isoëtes, une vingtaine de truites, petites et grandes, prises je ne sais comment, mais avec une vélocité surprenante; et, après la soupe, ce fut le tour de la friture. La mauvaise humeur du matin s'était complètement dissipée.

Une heure plus tard, nos quatre hommes étaient étendus autour du feu, à la belle étoile, fumant les dernières bouffées de leurs dernières cigarettes, et M. Leresche et moi couchés sous la tente, dressée sans grand effort; tout en rêvant à la course du lendemain, et au *Ranunculus abnormis*, et déjà dormant d'un œil, nous écoutions le clapotement de notre toit de coutil, agité pas le vent de la nuit.

Isoetes Boryana. *Dur.*, var., *Lereschii*, Reichenb. fil. — Rigidiuscula, viridissima, macrosporis parcissime et irregulariter, gibberosis, gibberibus acutiusculis.

Humilis, truncus more *Isoetidis Boryanæ* brevissimus, transsectione irregularis omnino non trilobus dicendus. Folia ad 30; 0,05-0,1 alta tenuia, valde subulata, stomatibus numerosis in superficie externa lacunis aëreis maximis. Fasciculus centralis maximus. Fasciculi tres bene parvi accessorii, unus utrinque in angulo, unus ante septum medianum, omnes in superficie interna. Ligula vulgo obtusiuscula, duplo longior quam lata, sæpissime apice quasi erosa, num omnino reniformis humilis (ita bis reperi). Labium obtusissimum crassum. Vela supra macrosporangia vulgo completa, supra microsporangia valde reducta. Macrosporarum carinæ nunc multo minus evolutæ, quam carinæ marginales, quæ imo denticulatæ. Microsporæ densissimæ muriculatæ.

Specimina I. *Boryanæ* originalia a Cazau 46 paulo validiora firmiora. Illa autem 4 ex « l'étang de Sanguinet » (Landes) coll. Motelay (Reliq. Mailleanæ) sat bene conveniunt. Cum in illis tum in nostra specimina plura humilia polyphylla, bulbo crasso, pauca longiora paucifolia, bulbo tenui. Rigidam in litteris monuit clarus Levier florentinus.

Varietas insignis, multo altius supra mare detecta, de inventori obedientissime dicata. (Sign.) Reichenbach, f.

In aquis puris lacunæ inferioris montium Gredos Hispaniæ centrali-occidentalis, die 12 Augusti 1878, hanc speciem legimus. Altit. circiter 6000 p. s. m.

Le lendemain, 13 août, aux premières lueurs de l'aube, nous étions debout, décidés à bien profiter de notre journée; c'était en effet le grand jour, l'ascension définitive, l'assaut au Ranunculus abnormis et aux autres merveilles que les masses de neige avaient peut-être dérobées autrefois à M. Leresche. Il s'agissait de monter aussi haut que possible et de voir ce qui poussait sous cette neige, ou du moins aux endroits d'où elle s'était retirée depuis trois à quatre semaines au plus, en supposant même qu'elle eût fondu plus tôt cette année qu'à l'époque du premier voyage de M. Leresche. Mais « *lever le camp* » est plus vite dit que fait. Comme toujours, nos boîtes recélaient des restes non digérés la veille, des pelotes de toutes sortes de choses précieuses que le crépuscule de la veille nous avait empêchés de débrouiller. Il fallait, à tout prix, mettre cela en papier, plier la tente, déjeuner, emballer tous les menus objets, ne rien oublier, et surtout se dépêcher. Or, plus on veut se dépêcher, plus on fait de mauvais ouvrage. Quand tout fut prêt, le mulet chargé, il était déjà tard. Le soleil dardait. Nous étions, ainsi que je vous l'ai indiqué, dans une espèce d'enfoncement au flanc de la montagne, rempli par la grande lagune inférieure, et pour arriver à l'autre lagune, nous avions à escalader le grand contrefort escarpé qui nous séparait du cœur de la montagne, dominé par les pics, aperçus l'avant-veille, mais de loin. La première montée, très roide, se fit avec un entrain admirable, à pied bien entendu. Des rochers, à notre droite, contenaient les rares restes d'une saxifrage rappelant un peu le canaliculata des Picos de Europa; par-ci par-là, à terre, un brin de Reseda gredensis, Cut.; Allium Schœnoprasum; Gentiana Pneumonanthe. Après trois quarts d'heure, la montée se fit plus douce : nous suivions un ruisseau à demi desséché, dont le lit était plein de Philonotis stérile, et constellé de Saxifraga stellaris, L., en fleurs. Pour la première fois, maître

Agostino s'abreuva d'eau, sans adjonction de *shnic;* la grande
montée l'avait mis en nage, et il boitait tellement dans ses petits
souliers de ville éculés que je le forçai d'enfourcher ma bête,
en récompense de son courage d'avoir bu de l'eau. Peu ou point
de plantes pendant plus d'une heure; toujours le granit nu, alternant avec des pâturages tellement maigres que même les sau-
terelles n'y auraient rien trouvé à manger. Enfin, vers le haut
de la montée, apparut un peu de Silene *arvatica?* réduit aux
proportions d'une petite plante à peine caulescente, agglomérée
en gros coussins. Bientôt après nous touchions le haut du contrefort, et l'admirable vue de l'amphithéâtre central de Gredos,
couronné par ses hautes aiguilles, se déroula à nos yeux ravis.
Nulle part la moindre trace de neige! Nous mesurions la distance qui nous séparait encore de la base des pics, qui semblait
accessible sans trop de difficulté, et nous nous demandions : Y
arriverons-nous? Car il y avait, entre deux, une énorme crevasse dans laquelle nous devions descendre et dont nous ne pouvions pas, du point où nous étions, voir toute la profondeur.
C'était sur le flanc gauche (oriental) de cette crevasse, le long
des petits ruisseaux, que M. Leresche avait cueilli Ranunculus
abnormis, Willk et Cut. Il me montrait l'endroit du doigt : Voilà !
Donc marchons! Mais à peine l'avions-nous dit que retentit un
halte! plus accentué encore. Plusieurs buissons de *Genista Barnadesii* FLEURI nous barraient le passage. Pioches, couteaux,
piques, les mains nues de nos hommes, tout s'abattit sur les
malheureux buissons, jusqu'à ce que la dernière fleur fût cueillie. M. Leresche ne fut pas des moins impétueux. Nous remon-
tâmes à cheval en suçant nos blessures et en retirant les épines
de dessous nos ongles, doublement enchantés de nos captures,
puisqu'il y avait eu combat, et que le sang avait coulé. Au premier ruisseau qu'il s'agit de traverser, M. Leresche prit un air
grave et me dit : Il faut commencer à chercher. Prenez le bas
du ruisseau, moi je prendrai le haut. Nous allâmes chacun de
notre côté, pliés en deux, comme des couteaux de poche à demi

fermés, écarquillant nos yeux, furetant entre tous les brins
d'herbe. Revenus à notre point de départ après une demi-heure,
je demandai à M. Leresche avec des palpitations de cœur : L'a-
vez-vous? Réponse : Non, et vous[1]?

Même histoire au second ruisseau. Pas de Ranunculus abnormis! Pas même une feuille, une plante mangée, un reste quelconque, indiquant son existence. Et pourtant M. Leresche, ayant
bien regardé autour de lui, comparé les lignes de l'horizon, me
disait : C'est ici. Encore une fois, il remonta le ruisseau, tandis
que je le suivais en aval. Par hasard, les deux pêcheurs se trouvaient dans ma proximité et, sans aucun ordre de ma part, vinrent avec moi[2]. Ce fut bien heureux pour moi, car, après un
quart d'heure de descente, le ruisseau s'engouffrait dans une
crevasse accidentée, conduisant à des abîmes inconnus, où je
n'avançais plus qu'en m'aidant des mains. A droite et à gauche
s'élevaient de belles parois de rochers, coupées elles-mêmes, en
certains endroits, par de profondes fissures, où, enfin, je vis un
peu de verdure, de grandes feuilles d'Adenostyles, le Galium
Broterianum, B. et R., des touffes de Thymus Serpyllum très
allongé, qui me fit d'abord l'effet d'une autre espèce, et de temps
en temps un peu d'Arabis Boryi, Boiss.; et de cette même Saxifrage, trouvée plus bas au-dessus de notre campement de la
veille. Les hommes remontaient le long de ces rochers à pic,
exactement comme des araignées, et m'arrachaient tout ce que
je voulais. Je grattais des mousses sur les rochers humides, et
ma boîte peu à peu se remplissait. Je cueillis une jolie centaurée,
à feuillage blanc cotonneux, divisé comme celui du *dissecta*, et à
fleurs rouges; squames de l'involucre brunes, bordées de franges
argentées. Quelle est-elle[3]? je n'en sais rien encore. Ce qui me

---

[1] Pour toute consolation nous fîmes un repas dans cet endroit et nous
cueillîmes le beau Senecio artemisiæfolius, Pers.

[2] Dans les rochers de cette descente, M. Levier cueillit l'Armeria splendens, Boiss.; qui se retrouve à la Sierra-Nevada.

[3] C'est la Centaurea alba B. deusta., D. C. — Wilk. Lge *Fl. hisp.* 2, pages
166, 167. Elle croit à Piedrahita, Hoyo di Pino, Lagune sup. de Grados, val.
Amblès, etc. (LERESCHE.)

frappa le plus vivement fut un *Antirrhinum* à feuilles visqueu-
ses, presque orbiculaires ou du moins très largement ovales, et
à fleurs blanches assez grandes, à base lilas, faisant un charmant effet dans les fentes de rochers. J'en trouvai à mon retour,
le soir, un pied fructifié, dont je vous (à M. Boissier) envoie aujourd'hui même les graines, qui me paraissent tout à fait mûres.
Je suis sûr que dans votre fameux *mur*, où pousse la Valeriana
longiflora, Willk, cet Antirrhinum viendrait admirablement et
vous ferait peut-être plaisir. Je n'ai en herbier qu'*Antirrhinum
sempervirens*, Lap. de Gèdre, qui ressemble décidément à l'espèce de Gredos, mais Lange ne l'indique que des Pyrénées. Serait-il nouveau pour le centre de l'Espagne? Cette gorge fut le
seul endroit *plantureux* et réellement verdoyant que je trouvai
dans toute la haute Sierra de Gredos. Ce fut aussi mon arrêt le
plus long. La descente avait été si difficile que je préférai ne pas
remonter par le même chemin. Grâce à mes hommes, je m'en
tirai sans contusion et sans entorse, et, après une heure et demie
environ, j'arrivai au fond de la vallée en vue d'une des trois lagunes centrales, qui occupent chacune un gradin ou une terrasse
séparée. M. Leresche se trouvait à des distances inconnues; aucun
cri ne répondait aux nôtres; il fallait donc remonter vivement le
long de ces terrasses, d'une lagune à l'autre, et tâcher de rejoindre mon compagnon dans les hauteurs. Peut-être M. Leresche
escaladait-il déjà la dernière pente conduisant à la base des hauts
pics. Il était tard, une heure après midi, il n'y avait donc pas de
temps à perdre. Nous contournâmes la première lagune par son
bord occidental, et, en nous hissant de rocher en rocher, nous
arrivons sur la seconde terrasse. La seconde lagune est singulièrement contournée, tortueuse, s'adaptant aux formes capri-
cieuses des rochers entre lesquels elle est encaissée. Le grand
silence de ces hautes régions désolées, presque sans végétation,
avait quelque chose de solennel et d'imposant. Après une autre
demi-heure d'escalade pénible, je vis briller enfin le miroir de
la dernière lagune, vrai lac alpin d'une assez grande extension,

et de l'aspect le plus pittoresque. L'un de mes hommes finit par
distinguer mes compagnons bien loin, au-dessus de nous, sur
l'escarpement épouvantablement bouleversé aboutissant à la crête
supérieure de la chaîne, sous son point le plus élevé. Cette nouvelle me remit — comme on dit — du feu aux jarrets, et,
arrivé à l'extrémité sud du grand lac, je commençai l'escalade
des immenses blocs de granit, amoncelés avec une inclinaison de
45°, sur lesquels M. Leresche avait dû monter une ou deux heures plus tôt. J'avais honte de m'être tant attardé. M. Leresche
était plus près que je ne pensais. A peine trois quarts d'heure
après avoir, comme Victor Hugo :

« Monté de roc en roc, rare homme, »

essoufflé, n'en pouvant mais, je trouvai M. Leresche assis sur
une table de granit, s'épongeant le front, visiblement harassé,
et en train d'attaquer « la dernière poire pour la soif, » rapportée d'Avila et précieusement gardée dans le petit compartiment
de sa boîte. Il me déclara qu'il en avait totalement assez, ce qui
s'appelle *assez*, — non de la poire, mais de l'ascension, — et
qu'il allait rebrousser chemin. Impossible d'atteindre la crête supérieure en moins de deux heures, — nos hommes étaient una-
nimes sur ce point, — ce qui nous eût conduits à six heures du
soir et forcés de redescendre par ces affreux amoncellements de
rochers à la tombée de la nuit. Il n'y avait d'ailleurs plus de vestiges de plantes; la dernière phanérogame que M. Leresche me
fit cueillir à l'endroit où nous étions, fut *Umbilicus sedoides*, D. C.,
en compagnie de la Campanula Herminii, Hoffmg. et L.

Nous lançâmes un baise-mains aux cimes — aspera cacumina —
laissées encore une fois inexplorées, malgré l'absence de neige,
et nous commençâmes la descente. M. Leresche s'en tira très
bien; mais il se plaignait de fatigue, avançait plus lentement que
d'ordinaire. Il avait, comme moi, cherché avec acharnement la
renoncule, mais en vain. Ses autres trouvailles concordaient en
gros avec les miennes; mais il n'avait pas rencontré de gorge her-

beuse et verdoyante comme celle où je m'étais si longtemps attardé.
En somme, très maigre récolte. Il avait toutefois retiré du lac un
Sparganium que je n'avais pas vu. En revenant, il fallut longer
le grand lac par son bord est, surmonté de hautes parois granitiques, noires par places d'un *Andreæa* très bien fructifié, qui,
d'après la détermination de M. Schultze, de Breslau, serait le
crassinervia Bruch., déjà trouvé dans les Pyrénées par Kindberg.
C'était la troisième localité d'Andreæa que je trouvais dans notre
voyage. Nous nous laissâmes attarder par quelques plantes, telles
que Gentiana Pneumonanthe var. depresa, Merendera Bulbocodium, etc., dédaignées en allant; mais, comme c'était le retour
définitif, l'adieu sans rémission aux reines introuvables de la
Sierra, il fallait bien se venger sur le menu fretin.

Le jour baissait lorsque nous commençâmes à remonter le
long de l'escarpement, au haut duquel (non loin de Genista Barnadesii) nous avions laissé nos montures, nos vivres, notre papier. Une sensation indéfinissable que les Allemands appellent
plastiquement l'*aboiement* de l'estomac (Magenknurren) nous
avertissait qu'il y avait déficit au dedans de nous, et qu'il était
temps de le réparer. Nous avions fait, depuis midi, une rude
gymnastique, et, quoique le travail de la *descente* ne puisse pas
s'exprimer en kilogrammètres, nos jarrets protestaient contre cette
fin de non recevoir de la mécanique. Nous étions, d'ailleurs, un
peu dans la situation d'une armée défaite, puisque notre assaut
au Ranunculus abnormis avait failli, et l'on sait que les armées
en déroute sont plus sujettes à la démoralisation physique. M. Leresche, tout en marchant très vaillamment, disait : « Je *viens*
vieux, » ce qui m'exaspérait, car je traînais la jambe autant que
lui.

Enfin, dans le crépuscule, nous aperçûmes au-dessus de nous
la silhouette d'un de nos mulets qui continuait à brouter, — nous
nous demandions quoi. Encore un effort, et nous étions arrivés...
mais où ? J'avais un instant caressé le rêve que nous atteindrions
peut-être notre bon campement de la veille, mais, à la tombée

de la nuit, nous en étions encore éloignés d'au moins deux heures de marche. Il fallait donc s'arrêter ici, et organiser tout pour la nuit : cuisine, gîte, etc. A notre *gravissime* objection qu'on ne pouvait pas dresser une tente sur un plan pierreux incliné à quarante degrés (ou à peu près), nos hommes répondirent fort judicieusement, en nous montrant le ruisseau qui coulait à deux pas ; c'était la *dernière eau potable* de toute la région ; en l'abandonnant, nous renoncions à notre soupe, à moins de faire encore deux lieues, ou à moins de cuire nos vermicelles dans notre dernière goutte de vin de Naval-Peral. Car, de notre immense provision d'Avila et de Naval-Peral, — 38 réaux de vin !!! — qui nous avait paru suffisante pour traverser le Sahara, il ne restait à peu près rien, et Agostino, les larmes aux yeux, nous annonça que le lendemain il faudrait nous en passer. Un litre et demi d'eau-de-vie à l'anis avait également *fondu* jusqu'à la valeur de quelques petits verres, que je me hâtai de tranformer en grog, en faisant rapidement bouillir de l'eau sur un feu de Sarothamnus purgans et de Genista Barnadesii, pour réconforter M. Leresche, qui était décidément exténué. Pour comble de malheur, il avait perdu sa pioche, qu'un de nos pêcheurs alla chercher dans l'obscurité, et lui rapporta après trois quarts d'heure, ô miracle. J'abandonnai Agostino à ses fricoteries, pour m'occuper de l'emplacement de notre tente. Ce n'était pas facile. L'endroit où nous étions, ou plutôt le groupe de rochers auxquels nous étions adossés, avait dû servir autrefois à des bergers, qui avaient déblayé et aplani un petit espace circulaire, de la longueur d'un homme, et entouré le tout d'une sorte de mur grossier, formé de gros blocs de granit. A cent pas à la ronde, il n'y avait pas d'autre endroit plat ; au-dessous de nous, le ruisseau, avec ses abords marécageux, partout ailleurs, une pente très fortement inclinée sans terre végétale pour enfoncer les chevilles. Je me décidai donc pour la couchette des bergers ; je plantai mon pieu central et je disposai la toile de la tente tout autour, sur le mur, en la fixant tant bien que mal avec de grosses pierres. Finalement, à force de tirer, d'essayer, de gourmander Gordo, qui m'aidait en riant de sa large bouche, fendue en coup de sabre, j'établis une maison passable, un peu branlante, mais suffisamment couverte pour une belle nuit sans vent, à une hauteur de 6000 ou plutôt 7000 pieds p. s. m.

Vers la fin de notre souper, — qui fut un vrai repas de Gargantua, pas n'est besoin de le dire, — la pleine lune se leva, illuminant peu à peu les crêtes en face, projetant des ombres fantastiques sur le fond de la vallée, et colorant d'une teinte indescriptible les cimes géantes du centre de Gredos. Je restai longtemps à admirer ce beau spectacle, même après que le silence se fut établi au camp. Je pensai aux absents, m'imaginant, peut-être à tort, que dans ce moment quelqu'un pensait aussi à moi, car enfin, à tout prendre, le vrai *absent* c'était moi. M. Leresche dormait le sommeil du juste ; nos hommes se groupaient, de moins en moins loquaces, autour des dernières braises de notre feu, et bientôt tout le camp ronfla comme un seul homme.

La nuit fut excellente, sans vent, et la tente tint bon. Le matin, nous nous aperçûmes que nous avions couché dans des cendres, mêlées de charbon de genêt, et il fallut commencer par nous dénoircir dans le ruisseau voisin. Nous avions à mettre en papier toute notre récolte de la veille, ce qui nous prit plus de deux heures ; mais nous ne nous pressions plus autant, puisque nous avions devant nous une petite journée de descente par le même chemin, — ou à peu près, — affaire d'arriver à Naval-Peral avant la nuit.

Absolument rien de nouveau en fait de plantes pendant tout notre retour. A l'arrêt du déjeuner (sans fourchette), nous nous occupâmes de l'emballage des plantes vivantes que M. Leresche devait vous rapporter ; mais, malgré tout mon soin d'exprimer l'eau des mousses, elles n'étaient jamais assez sèches au gré de M. Leresche, et il avait raison, puisque l'Isoëtes vous est arrivé pourri.

Nous suivîmes, pour descendre, le même chemin que pour monter, et seulement, sur notre désir formel, nos hommes se décidèrent à changer un peu de route, pour le dernier tiers du voyage. Nous prîmes un peu plus à l'est, allant tantôt à pied, tantôt à cheval, et ne nous arrêtant plus guère, sinon pour considérer, en face de nous, vers le nord-est, la succession de collines où nous devions, le lendemain et le surlendemain, aller chercher le Pinar d'Hoyoquesero. Par une bonne fortune spéciale, nous rencontrâmes, en route, un troupeau de chèvres et un berger complaisant qui, moyennant tabac et monnaie, alla nous remplir de lait excellent une grande corne de bœuf que nous vidâmes tout entière. Pour un grand verre, ce n'est pas un verre commode, et il faut apprendre à y boire. Le moindre mouvement imprudent ou excessif transforme le contenu en une vague impétueuse qui déferle sur la figure. Je crois bien que j'en eus jusqu'aux yeux.

Nous arrivâmes en vue de Naval-Peral aux derniers rayons du soleil, après avoir suivi le fleuve au fond de la vallée, pendant près d'une heure. Dans des marécages au bord du torrent, à l'est du pont démantelé, nous cueillîmes Oenante apüfolia Brot : en fruit, grande plante qui fut, je crois, la dernière de la journée,

Les bons lits blancs de notre gîte de Naval-Peral nous firent un plaisir extrême, et je crois, abstraction faite des ravissements botaniques, qu'il vaudrait la peine, une fois par semaine, tout l'été de dormir à la belle étoile, avec des fragments de granit sous les reins, rien que pour apprécier le bienfait d'une couchette civilisée. Combien a-t-il fallu de temps à l'humanité pour arriver à cette chose compliquée et raffinée, qui s'appelle un bon lit ! Nous nous séparâmes de nos deux pêcheurs en amis : il fallut bien les inviter un peu à souper, leur faire vider quelque nouveau pot de vin, ajouter une couple de *pesetas* à l'honoraire convenu, mais tout se passa sans l'ombre d'une discussion. Celui qui fut le plus étonné, c'est Gordo, quand il sut que le lendemain et le surlendemain il ne reverrait pas encore ses pénates, et que nous allions continuer le voyage dans une direction diamétralement opposée, vers Nava-Redonda et Hoyoquesero.

Le lendemain, après avoir payé tous nos comptes à la grosse hôtesse de Naval-Peral, je constatai une baisse si considérable dans le numéraire que j'avais emporté pour ma part d'Avila, que je demandai à M. Leresche qui, jusque-là, m'avait laissé faire le caissier, s'il n'y avait pas crainte d'un épouvantable déficit en cas de prolongation du voyage. Car, il fallait bien nous le dire, Hoyoquesero nous coûtait deux jours entiers de plus. Mais M. Leresche me rassura. Sa part étant intacte, il était intimement persuadé que sa réserve suffirait à tout le voyage, même s'il s'agissait de le recommencer tout entier. L'événement ne devait pas complètement justifier ce pronostic optimiste. C'est le 15 août que nous nous remîmes à cheval, — un peu trop tard, comme toujours, — pour suivre, du côté septentrional de la Tormes ou plutôt de la vallée qui l'encaisse, la série de collines parallèles à la Sierra centrale, et s'en écartant un peu vers le nord, au bout desquelles notre but extrême, vers l'est, était le Pinar de Hoyoquesero. Cette journée ne présenta rien de remarquable, ni en aventures, ni en plantes. Ce fut une longue, lourde et lente chevauchée, avec les arrêts habituels consacrés au déballage et au remballage du panier aux provisions, dans la première auberge qu'on trouvait à l'heure de la faim. J'ai noté les noms suivants de villages :

A une heure après midi : *Nava Cepeda de Tormes* ; deux heures : *Hoyos del Collado* ; deux heures et demie : *Hoyos de l'Espino* ; déjeuner composé comme suit : œufs, 2 réaux ; pain, 2 réaux ; vin, 3 réaux ; Sandia (melon d'eau), 1 réal ; chevaux, 2 réaux. Somme, 10 réaux = 2 fr. 50. Le pays était partout si déplorablement brûlé, que cela nous en diminuait de beaucoup l'impression pittoresque ; d'ailleurs, après les grandioses panoramas de la Sierra de Gredos, nous étions peu enclins à admirer ces régions ondulées, cultivées et monotones. Six heures du soir :

Barajas, que nous prîmes d'abord pour Nava Redonda qui n'en est éloignée que d'une portée de fusil, en apparence, mais que nous n'atteignîmes qu'après une demi-heure. Nava Redonda est un assez gros bourg, compliqué, et d'orientation difficile. C'était jour de fête, et, de loin déjà, nous entendîmes le fifre et le tambour de la grande place, qui grouillait de monde, et où ondoyait un grand bal rustique. On vendait des fruits apportés de bien loin, du raisin, du melon, des caramels, toutes sortes de petits objets et de colifichets ; on se poussait, on se coudoyait, bref, une animation qui nous parut extraordinaire. Je perdis M. Leresche dans la foule, et le retrouvai avec les deux mains pleines de raisins aigres, qu'il mangeait en clignant des yeux. Je fis comme lui et restai à regarder le bal jusqu'à la nuit tombante. L'auberge était pleine de monde ; tous les petits revendeurs de la place, avec femmes et enfants, s'étaient logés dans la grande salle basse, et avaient envahi à peu près toutes les chambres disponibles. Nous en trouvâmes pourtant une passable, arrangée, comme à Naval Peral, avec deux petites niches pour les deux lits. Il n'y eut pas moyen de faire un étalage de plantes un peu efficace ; à cette occasion, je constatai, avec une certaine consternation, que mon papier diminuait à tire-d'aile, ou, pour mieux dire, que tout mon papier était plein. Je m'étais arrangé pour trois jours, or c'était le sixième jour que nous récoltions. M. Leresche m'en céda un peu, et j'en trouvai quelques feuilles le lendemain, à la venta de l'Obispo [1], juste de quoi colloquer... mais n'anticipons pas.

Septième jour. 17 août. De Nava Redonda à Hoyoquesero, à peu près toujours le même paysage ondulé, mais plus stérile et plus pauvre en villages que celui de la veille. Le seul petit bourg que nous traversâmes à 11 heures s'appelle *Hoyohuelos;* partout des *Hoyo*, dont j'ignore complètement l'étymologie. Un magnifique buisson de Génista florida, L. nous fournit de bons échantillons en fruits. On descend, après ce village, dans une

[1] Obispo, évêque.

vallée assez profonde où coule un petit rio, du nom de *Gherbès* [1]
(je ne sais comment l'écrire), et où serpente une grande et belle
route carrossable qui, du val Amblès, monte au Puerto de Pico,
en redescend en zigzag vers le midi, et traverse une encoignure
de la Sierra de Gredos (à l'est du point d'où nous étions montés) pour se rendre (sauf erreur) à Talavera de la Reyna, en
Estrémadure. Cette grand'route est bonne à se rappeler pour
ceux qui veulent, d'Avila, se rendre commodément à Hoyoquesero, qu'on peut atteindre en 1 $^1/_2$ heure environ, en abandonnant la route à la venta de l'Obispo, et en remontant le flanc
est de la vallée, à l'ouest de laquelle se trouvent Hoyohuelos et
Nava Redonda. Ce jour-là nous ne fîmes que traverser la vallée
et la route, en nous arrêtant quelques minutes à la venta en
question, qui est une grande maison isolée. Agostino, avec des
souliers de plus en plus en loques et le gosier affaibli par une
insolation de plusieurs heures, avala coup sur coup plusieurs
petits verres d'eau-de-vie, à titre de rafraîchissement, mais à ses
frais et risques : car la veille je l'avais prévenu que je ne tolére-
rais plus, sur l'addition de la journée, les quatre réaux d'aguardiente, qu'en ma qualité de médecin je considérais comme un
ingrédient vicieux et immoral, du moment que la température
de l'air oscillait entre 30° et 40° centigrades.

Au haut de la longue montée en face, nous aperçûmes enfin
quelques maisons isolées, un mur vicinal, et, à notre droite, de
l'autre côté d'un petit enfoncement de terrain, le grand et beau
bois de Pinus silvestris qui couvre une longue colline, au midi
du village de Hoyoquesero. Le pâté des maisons du village se
voyait à petite distance, c'était l'heure du déjeuner; mais, à un
point donné, la forêt était si proche, que je ne résistai pas à la
tentation d'y opérer une première et rapide reconnaissance armée, à la recherche du fameux Leuzea. Déjà nous avions vu, à
côté de la route, les grandes têtes fructifiées du Pæonia Broteri,
B. et R., avec ses magnifiques graines garance [2]; cela promettait.

---

[1] L'Alberche. — [2] C'est leur couleur avant la maturité.

En effet, à peine arrivé à la lisière du bois, je vis, de tous côtés, les grands capitules, à écailles membraneuses, et les pappus jaunâtres du Leuzea rhaponticoides, Graëlls, belle plante à haute stature, bien différente du L. conifera, et qui doit faire un effet merveilleux au moment de la floraison. Malheureusement l'immense majorité des exemplaires étaient déjà secs et n'avaient plus de feuilles présentables. J'en trouvai cependant quelques-uns, et, enchanté de ma trouvaille, je me hâtai de remonter vers le village, où je trouvai M. Leresche sur le point de s'attabler. Nous hâtâmes les opérations culinaires, et une demi-heure après nous entrions dans le bois par un autre point. Dans une éclaircie, nous trouvâmes *Aster aragonensis*, Asso, en fleurs, *Cistus laurifolius* en fruits, *Physospermum aquilregifolium*, Koch, toutes sortes de beaux restes d'une végétation qui devait être fort intéressante au commencement de l'été. A chaque instant M. Leresche déracinait, au milieu de cette paille, quelque débris curieux et à peine reconnaissable. Alors nous soupirions et nous regardions avec la bouche en accent circonflexe, en signe de suprême désappointement. Et néanmoins cette course au Pinar d'Hoyoquesero m'a laissé un excellent souvenir. Les grands sapins majestueux (Pinus silvestris), l'odeur des cistes-lauriers, les éclaircies constellées d'Aster aragonensis, toute la lisière ornée de l'étonnant Leuzea, le jour baissant peu à peu, notre retour dans le crépuscule, tout cela ajoutait un tableau nouveau aux belles choses que j'avais déjà vues en si grand nombre pendant notre voyage. Nous avons cependant manqué une ombellifère au pinar de Hoyoquesero, que je trouve dans Willkomm et Lange, en feuilletant l'ouvrage après mon retour : *Heracleum Granatense*, Boiss., legit Bourgeau ; en outre je trouve cités *Angelica Reuteri*, Boiss., in montibus Avilæ, supra Piedrahita (Reut. Aug.); et *Peucedanum* (Oreoselinum var.?) *Bourgœi* Lange, leg. 24 Jul. flor., Bourgeau, in pinetis ad Hoyoquesero. Ce n'est pas tout : je n'ai presque plus de doute que nous avons aussi manqué *Peucedanum stenocarpum*, Boiss. et Reuter, dont j'ai trouvé un petit brin sans fruits dans l'herbier Webb, récolté, je crois, par Bourgeau [1].

Notre course au *pinetum* nous fit manquer un spectacle peut-être curieux, qui devait avoir lieu à Hoyoquesero, vers la fin de la journée : un combat de taureaux au petit pied ; probablement, comme on nous le confirma après, un simple simulacre de ce jeu sanguinaire, dont le besoin s'est incarné dans le système nerveux de tout bon Espagnol. Tant il est vrai que chez les nations en apparence les plus civilisées il reste constamment un trait de nos premiers commencements barbares, quelque instinct atavique, rappelant nos bons ancêtres les lacustres et nos arrière-ancêtres des cavernes, qui fendaient en long les fémurs humains, pour en manger la moelle.

Le 18 août, il s'agissait de revenir à la venta de l'Obispo, de suivre du midi au nord la grand'route conduisant à Puerto de Pico et au val Amblès, et d'atteindre le village de Villatoro, situé sur l'autre grand'route où passait la diligence d'Avila. Ce fut la plus grande étape de tout le voyage. Le temps était toujours au beau fixe, et le soleil par moments dardait d'importance. Vers dix heures du matin, après avoir cueilli, à côté de la route, quelques squelettes de Periballia hispanica ; Malva Tournefortiana, L.; Crucianella angustifolia, L., et Artemisia glutinosa, Gay, nous arrivâmes au bas des zigzags qui devaient nous conduire sur le haut plateau de Puerto de Pico [2] et à la venta de Santa-Teresa,

---

[1] Cutanda, dans l'Appendice à sa *Flora de Madrid y su Provincia*, pag. 743 à 746, indique en outre dans les environs d'Hoyoquesero : Trollius europæus, L.; Aquilegia vulgaris, L.; Dianthus brachyanthus, Boiss.; Silene legionensis, Lag.; Cytisus albus ; Sarothamnus eriocarpus, Boiss.; Rosa villosa; Spiræa ulmaria, L.; Pimpinella magna, L.; Viburnum lantana, L.; Melittis melissophyllum, L.; Ajuga rotundifolia, Willk.

[2] Au Puerto de Pico, Ysern indique Genista Barnadesii, Graëlls, et la rare Santolina heterophylla. Willk, et Cut. Bourgeau y a cueilli le 29 juillet 1863 le Sarothamnus eriocarpus, Boiss. et Reut. Graëlls dans ses *Ramilletes*, pag. 8, y cite sa Centaurea Janerii, et pag. 17 son Narcissus nivalis, et pag. 18 le Narcissus rupicola, Dufour.

J'y ai cueilli Astrocarpus clusii, Gay; Campanula Lœfflingii, Brot; Dianthus juniperinus, Boiss.; et sur les pâturages, à l'est du col, Erodium carvifolium, B. et Reut. (Leresche.)

dernière localité où il y avait à espérer encore deux bonnes plantes, autrefois recueillies aux mêmes endroits par M. Leresche. Nous descendîmes de cheval au haut de la montée, un peu avant la venta, et traversâmes tout le haut plateau à pied, après avoir envoyé nos hommes en avant. Ils devaient nous attendre au premier village qu'ils trouveraient en descendant de l'autre côté, dans le val Amblès. Le haut plateau, nu, désert et désolé, n'avait presque plus de vestiges de plantes. M. Leresche se souvenait qu'on y avait trouvé Genista Barnadesii, et nous en cherchâmes assidûment, mais vainement, les résidus au milieu des buissons de Sarothamnus purgans qui, çà et là, poussaient à côté de la route. En fait de résidus intéressants, nous ne trouvâmes que ceux, très maltraités, d'un Festuca (?) à rosettes encore vivantes et singulièrement glauques, composées de feuilles très rigides et presque piquantes; j'en pris pour souvenir quelques échantillons, avec la paille des épis, depuis longtemps passés et desséchés [1]. Arrivés à la venta, grande construction isolée au milieu du haut plateau et adossée à une sorte de terreplein ondulé, M. Leresche s'arrêta et se mit à regarder avec grande attention certaines touffes vertes d'une plante apparemment assez élevée, qui se voyait à une vingtaine de pas, à côté de la route. Il m'y envoya et je fus très surpris de reconnaître une Linaria. M. Leresche naturellement l'avait déjà reconnue pour la L. nivea, Boiss. et Reut. Mais elle était dans un état piteux, une ou deux fleurs en tout, et les capsules déjà presque toutes entr'ouvertes et vidées. En montant après sur le terrain en pente avoisinant la maison, et où se voyaient encore quelques restes de moissons, depuis longtemps récoltées et desséchées, je trouvai, à fleur de terre, un cadavre curieux de Composée acaule, que je pris pour un Jurinea et que j'apportai, sans trop d'enthousiasme, à M. Leresche. C'était la *Centaurea amblensis*, Graëlls. Hélas! de toutes les raretés desséchées que nous avions trouvées, c'était la plus sèche et la plus abîmée. Nous

---

[1] C'est le Corynephorus canescans.

nous donnâmes beaucoup de peine pour en récolter quelques akènes entiers et non dévorés par les insectes.

Avec la Centaurea amblensis, notre programme de plantes était provisoirement rempli, et il nous était permis de marcher. La route de Puerto de Pico se transformait en ruban; il faisait chaud, et il faisait.... soif. Enfin nous arrivâmes au bout du haut plateau; à l'endroit où la route recommence à décrire des lacets en descendant dans le val Amblès, au bord des champs depuis longtemps moissonnés, nous cueillîmes Evax carpetana, Lge. Une autre demi-heure de marche, et nous aperçûmes le village de *Menga*, où bientôt nous trouvâmes nos hommes et nos montures, bien reposés, abondamment désaltérés. Nous en fîmes autant. J'eus la bonne chance de pouvoir acheter encore quelques cahiers de papier gris chez l'hôtelier, ce qui me permit de tout mettre sous presse, et de remonter à cheval avec une boîte propre et vide. Tout ce que je récoltai encore au retour, pendant les dernières heures du voyage, ne sortit de ma boîte qu'à Bayonne.... *horribile dictu!*

Partis de Menga à quatre heures, nous traversâmes le grand bourg de *Munatello* à six heures; et, à la nuit, huit heures sonnantes, nous fîmes notre entrée à Villatoro, où nous avions déjà passé huit jours auparavant, en nous rendant, en diligence, d'Avila à Piedrahita. Nous tremblions d'avance d'être condamnés encore une fois à passer la nuit dans une auberge rustique, et j'avais expressément recommandé à Agostino de prendre immédiatement toutes ses informations, afin de pouvoir nous précipiter dans la première diligence qui passerait dans la direction d'Avila. Je le vis bien entrer dans quelques boutiques, mais je ne sais quelle défiance instinctive m'empêcha d'ajouter une foi entière à sa réponse qui était ainsi conçue : Pas de diligence avant minuit ou une heure du matin. Villatoro est un très long bourg, bâti tout simplement des deux côtés de la grand'route. Agostino nous le fit traverser tout entier, de l'est à l'ouest, afin de nous procurer l'aimable connaissance d'une sienne taverne, du moins par lui recommandée, où il se mit immédiatement à organiser un de ces soupers style tire-en-bas, dont il avait la spécialité. Nous avions hâte de faire nos comptes avec le muletier, et de le renvoyer le plus tôt possible à Piedrahita, sa patrie. Il ne voulut pas partir le soir même, mais seulement le lendemain, et il y eut de nouveau une discussion enragée pour savoir si nous lui payerions huit ou neuf jours d'honoraires; il comptait naturellement la journée du lendemain tout entière. Nous finîmes par partager le différend et la différence, en lui payant huit jours et demi. Au moment même où il empochait la grosse somme que cela faisait, ce qui produisit comme un coup d'obus dans le trésor de réserve de M. Leresche, j'entendis un grand bruit de grelots et le fracas d'une diligence qui passait comme un ouragan devant l'auberge et *dans la bonne direction!* Je criai à M. Leresche : Faites sortir tous les bagages! et je courus après la voiture, où je vis heureusement des places vides. Tout en courant je retins nos places et me fis promettre par le conducteur qu'il nous attendrait avec nos bagages au relai, qui était naturellement à l'autre bout du village. Cette fois, je faillis prendre Agostino par la cravate, s'il en avait possédé une ; le traître nous avait, à dessein, entraînés à la plus grande distance possible du relai, pour ne pas lâcher la dernière « bâfrerie, » assaisonnée de grands et de petits verres. Il n'y avait pas de temps à perdre; je lui mis mon poing sous le nez et un colis dans chaque main, en lui ordonnant de courir vers la diligence. Puis, au premier homme que je trouvai dans la rue, je glissai une peseta et lui fis prendre les autres colis, que M. Leresche ni moi, déjà chargés comme des hommes de peine, ne pouvions emporter.

Nous arrivâmes ruisselants de sueur, mais à temps heureusement. Paquets de plantes, boîtes, pioches, manteaux, tout cela fut lancé sur le dos de la diligence, comme des balles à jouer, et nous fîmes irruption dans l'intérieur, occupé par une dame démesurément grosse, avec un mioche, qui prenait successivement toutes les positions les plus irrévérencieuses, et un gros papa d'une obésité plus que magistrale. Naturellement regardés comme des intrus, on ne nous laissa de place que le moins possible et nous dûmes nous contenter des positions les plus obliques et les plus tourmentées. Nos compagnons ronflèrent et renâclèrent à couvrir le roulement de la diligence.

Après environ six heures de cahots, nous arrivâmes à Avila au petit jour, heureux de sortir de cette boîte et de pouvoir respirer l'air du dehors. Après avoir payé nos places, nous reconnûmes qu'il était temps d'arriver. Nos bourses étaient vides ou à peu près. Heureusement nous retrouvâmes intacts nos fonds laissés en dépôt auprès du desservant de la gare, et en parfait état nos bagages laissés dans le voisinage. Nous eûmes un travail considérable à remettre nos plantes en ordre et à tout préparer pour le départ, qui devait avoir lieu le même soir pour Valladolid, Burgos, Irun et Bayonne.

SOUVENIRS D'UN PRÉCÉDENT VOYAGE

FAIT A LA SIERRA DE GREDOS EN 1862 PAR M. LERESCHE

Pour compléter ce qu'on vient de lire sur la Sierra de Gredos dans le récit adressé à M. Boissier par M. Levier, j'ajouterai les souvenirs qui me restent d'un voyage plus ancien.

En juin 1862, j'avais vu quelques points du littoral espagnol entre les Pyrénées et Alicante, passé de là à Aranjuez et Tolède, visité en juillet Madrid, l'Escurial et le Guadarrama. Sans y mettre trop de temps, je désirais explorer encore la Sierra de Gredos, dont les cimes, couvertes de neige et saluées de bien loin, me promettaient une végétation encore dans sa fraîcheur printanière. Je n'avais sur cette chaîne que des renseignements bien sommaires et bien incomplets obtenus de MM. Graëlls et Ysern, à qui j'avais fait visite à Madrid. Je ne connaissais qu'imparfaitement les plantes que je devais rencontrer. J'avais peu de livres avec moi, et quelques cartes, incomplètes et inexactes. Point

de recommandations. J'ignorais la langue espagnole! Et j'étais seul!
Entrepris dans de telles conditions, le voyage était bien hasardé.

En 1862, le chemin de fer de Madrid à Avila n'était pas
achevé. Pour franchir cette distance, il fallait recourir à la diligence. Arrivé à Avila, un horloger, dont je fis la connaissance,
me procura un homme et un cheval; ce dernier portait le papier qui m'était nécessaire et mon bagage personnel bien modeste. Le muletier allait à pied. Quand la route était bonne pour
l'herborisation, je lui permettais de monter pendant que je cueil-
lais. Cet arrangement mettait obstacle à des marches rapides et
nous ne faisions guère que huit lieues par jour.

La portion du massif de Gredos que j'ai visitée seul en 1862
et avec M. Levier en 1878 se compose essentiellement de trois
chaînes à peu près parallèles, se dirigeant de l'est à l'ouest. La première, la plus au nord et la moins élevée, est la *Penna d'Avila*.
Elle sépare le massif d'avec le grand plateau de la Vieille-Castille. Ce chaînon, d'environ une douzaine de lieues de longueur,
commence tout près et à l'ouest d'Avila, ne dépasse guère 4500
à 4700 pieds d'altitude au-dessus du niveau de la mer, forme
le flanc nord du val Amblès, au delà duquel il s'abaisse rapidement, pour finir à l'ouest dans la plaine de la Tormès.

Sur le versant méridional de ce chaînon se chauffent au soleil
quelques villages du val Amblès. Ils ne descendent pas jusqu'à
la grande route qui en suit le fond. A l'extrémité supérieure de
ce val est le village le plus considérable, *Villatoro*, souvent cité
par les botanistes pour ses plantes. Il a une ou deux auberges,
une grosse église, quelques boutiques, et pourrait au besoin servir d'étape pour des herborisations. La grande route d'Avila à
Piedrahita y passe. Elle s'élève de là en festonnant la pente sur
un col qui termine à l'ouest le val Amblès et redescend de l'autre
côté sur Piedrahita. Ce col (4409 p. s. m.) relie la première
chaîne dont nous venons de parler à la seconde, qui lui est parallèle. Cette seconde chaîne, plus longue et plus haute que la
précédente, commence plus à l'est, forme la paroi méridionale

du val Amblès, à l'extrémité duquel s'élève sa plus haute cime, la *Serrota* [1]. C'est à sa base nord qu'est bâtie Piedrahita, qu'elle dépasse vers l'ouest en s'abaissant de plus en plus pour livrer passage à la Tormès.

A peu près vers le milieu de sa longueur, cette seconde chaîne s'abaisse à l'est de la Serrota. Cet abaissement forme une courte vallée d'à peine deux lieues, qui est un embranchement du val Amblès. Une route carrossable, qui se détache dans le milieu de la longueur du val Amblès de celle d'Avila à Piedrahita, remonte cette courte vallée, passe d'abord à Santa-Catharina, puis plus haut par le village de Menga, surmonte le col de Santa-Teresa, et redescend vers le sud, en traversant les bas-fonds de l'Alberche, pour se diriger de là sur Talavera de la Reina dans la grande vallée du Tage.

De cette seconde chaîne, sur le flanc sud-est de la Serrota, descend l'Alberche, qui n'est d'abord qu'un faible ruisseau, coulant dans un vallon à fond plat [2]. Plus à l'est descend encore de cette seconde chaîne une autre branche de l'Alberche. Ce cours d'eau passe à la venta de l'Obispo, laissant Hoyoquesero sur la hauteur à l'est, puis recueillant les eaux de la partie la plus orientale de la grande chaîne de Gredos, qu'il contourne par le sud-est; l'Alberche va se jeter dans le Tage plusieurs lieues plus loin, à Talavera de la Reina.

Quelques lieues plus au sud et parallèlement à la seconde chaîne que nous venons de mentionner se développe, aussi de l'est à l'ouest, une troisième chaîne, la grande chaîne centrale

---

[1] Les cartes lui attribuent 6893 pieds d'altitude au-dessus de la mer. Cutanda dans l'appendice à sa Flore de Madrid, pag. 743-746, y indique Ranunculus abnormis, Cut. et Willk. Ranunculus Aleæ, Willk. Arabis Boryi, Boiss.; Drosera rotundifolia, L.; Silene ciliata; Galium saxatile, L.; Senecio Tournefortii; Phyteuma hemisphæricum, L.; Digitalis purpurea, L.; Plantago alpina, L.

[2] Le 20 juillet 1862 je l'ai passé sur des pierres en allant de Santa-Teresa à Navarredonda. Dans cette traversée je cueillis le Senecio artemisiæfolius, Pers., en fleurs et les premiers échantillons en fruits du Genista carpetana, Leresche, que j'ai trouvé en fleurs deux ou trois jours plus tard en montant à la lagune de Gredos.

de la Sierra de Gredos, des cimes de laquelle descend la Tormès qui coule à contresens de l'Alberche, et à partir de Navarredonda se dirige vers l'ouest, descendant la vallée à laquelle elle a donné son nom. Cette rivière recueille par sa rive gauche et successivement toutes les eaux des flancs nord de la partie occidentale de la grande chaîne de Gredos. La cime la plus haute de cette chaîne est la Sierra Almanzor, au-dessus et à l'ouest de la grande lagune.

Quelques cartes lui attribuent 8190 pieds au-dessus de la mer, évaluation que je crois inférieure à la réalité. L'annuaire (1862) de l'observatoire de Madrid indique 2650 mètres, ce que je suis beaucoup plus disposé à admettre. Quelques lieues plus à l'ouest est le Porto ou Col de Tornavacas d'où l'on peut descendre (de l'autre côté de la chaîne) la vallée de Jerte pour atteindre, dans la direction du sud-ouest, la ville de *Plasencia*. Ce col termine vers l'ouest la Sierra de Gredos et la relie à la Sierra de Béjar qui se dirige du sud au nord et force la Tormès à se couder à Barco de Avila pour adopter la même direction qu'elle conserve jusqu'à Salamanque.

Dans mon premier voyage à la Sierra de Gredos, en juillet 1862, j'avais employé une semaine (19 à 25) à visiter la portion nord de la chaîne. La végétation était alors bien plus belle et en meilleur état que dans mon second voyage. La première journée, 19 juillet, m'avait montré le val Amblès couvert de magnifiques moissons de froment, parmi lesquelles fleurissaient de charmantes espèces telles que Centaurea ornata, Willdn.; Linaria delphinoides, Gay; Linaria spartea, Chav., Silene portensis, L.; Sisymbrium asperum, L.; Lepidium perfoliatum, L.; Lepidium latifolium, L.; Eryngium tenue, Lam.; Pulicaria arabica var. hispanica, Boiss.; Trisetum ovatum, Pers.; Periballia hispanica, Trin.; Senecio foliosus, Salzm., etc., et dans les fossés, Cyperus badius, Desf., et Juncus acutus, L. Dans le milieu de la journée la venta de Santa-Catharina nous offrit un repas dont nous avions grand besoin. Près de là j'eus le plaisir de cueillir Pistorinia hispanica, DC; Reseda virgata, Boiss. et Reut.; Centaurea alba var. deusta, Ten.; Soldevilla setosa, Lag.; Cirsium flavispina, Boiss., etc. Continuant à monter cette ramification du val Amblès, je passai le col qui la termine et arrivai le soir par un magnifique clair de lune au refuge de Santa-Teresa. C'était à cette époque une espèce de caravansérail, ouvert à tout venant, sans payer, composé de quatre murs, une toiture, des bancs de pierre, un feu au centre où chacun faisait son potage quand il pouvait et comme il pouvait. La société se composait d'ouvriers faucheurs et faneurs et de passants. Tel était le réduit où je dus passer la nuit. Couché sur la pierre, elle fut dure. Toutefois, je me consolai en pensant que je ne reçus d'outrage de personne. La civilisation a marché. Le Santa-Teresa d'autrefois a disparu. Celui d'aujourd'hui est une maison comme tant d'autres. Mais quelle différence dans la végétation! Le 20 juillet 1862 je pouvais cueillir Anthemis chrysocephala, B. et Reut.; Anthemis nobilis, L.; Pyrethrum pulverulentum, Lag.; Centaurea amblensis, Graëlls; Erodium carvifolium, B. et R. Le 17 août 1878 tout cela avait disparu, par le fait du trop grand avancement de la saison. A Navarredonda, où j'allai loger le même soir, 20 juillet 1862, mon arrivée fit sensation; une quinzaine d'hommes de haute stature, le regard scrutateur et presque sinistre, vinrent assiéger la posada; leur curiosité satisfaite, ils se retirèrent, non sans m'avoir offert de la truite que je m'empressai d'acheter comme supplément d'une nourriture peu abondante. Les maisons de ce village, situé à 4877 p. s. m., sont basses et n'ont qu'un rez-de-chaussée et point d'étage.

Le lendemain, 21 juillet 1862, encore de la truite à Naval Peral, où je pris un homme de plus et encore un cheval, car mon muletier d'Avila ne connaissait pas les chemins. Vers le milieu de la journée nous nous acheminâmes pour la lagune de Gredos; des fleurs nombreuses ornaient les prés, les collines et le bord des chemins. Plusieurs espèces de Genêts fleurissaient en abondance dans la région moyenne de la haute chaîne centrale. Tout le faîte de la Sierra était largement couvert d'une zone de neige non interrompue qui étincelait sous les rayons du soleil de la canicule. Tout le long de la chaîne on voyait à de grandes distances une région de genêts (Genista purgans, mêlé de quelques Genista Barnadesii, Graëlls) qui se hâtaient de fleurir dans le voisinage des neiges. Ce ruban jaune contrastait avec la blancheur du manteau de neige qui le dominait. Les cimes neigeuses se découpaient sur un ciel d'une limpidité parfaite et d'un azur magnifique. Je n'oublierai jamais les splendeurs de ce tableau dont le souvenir est toujours présent devant mes yeux. C'était pleine lune, les nuits étaient sereines, mais fraîches plus que je n'aurais voulu. Je couchai sur le gazon, à la belle étoile, enveloppé de tout ce que j'avais pu rassembler de vêtements. Les deux hommes qui m'accompagnaient couchaient à mes côtés, attisant de loin en loin un feu languissant. Aucun vent, aucun bruit. Un ou deux feux de bergers dans le lointain révélaient seuls l'existence de créatures humaines. Nos deux chevaux, que des entraves empêchaient de s'éloigner, paissaient tranquillement dans le voisinage.

Le lendemain matin, 22 juillet 1862, je pus admirer à peu de distance quelques beaux pieds de Genista Barnadesii, magnifiquement fleuris. Le Genista carpetana, Leresche, couvrait aussi de ses abondantes fleurs, étalées sur le sol, un pâturage pierreux. Sur la pente escarpée d'un rocher qui dominait notre dortoir se voyait encore un peu de neige près de laquelle je pus cueillir les deux Narcissus rupicola, Dufour, et nivalis, Graëlls, l'un et l'autre en fleurs. Je voulais atteindre la grande lagune. En gravissant une pente rocailleuse je pus cueillir le premier échantillon de Carduus carpetanus, Boiss. et Reut., qui commençait à fleurir, et plusieurs plantules d'Holcus Gayanus, Boiss., que je n'ai jamais revu depuis. Durieu, et après lui Bourgeau, l'ont l'un et l'autre cueilli dans les Asturies. Quelques cents pieds plus haut, au tournant qui donne vue sur la vallée de la grande lagune, j'atteignis la neige qui continuait sans interruption en s'élevant de là jusque sur les plus hautes cimes. Dans cet endroit-là encore des genêts, le pied dans la neige et la tête en fleurs, et pas loin, en dessous, la Gagea polymorpha, Boiss., et la Linaria alpina fleuries. On redescend un peu dans la direction de la grande lagune, c'est dans cette traversée que j'eus le plaisir de cueillir le Ranunculus abnormis, Cut. et Willk. [1], mêlé avec le Ranunculus demissus, DC., l'un et l'autre fleuris, ainsi que les deux narcisses mentionnés plus haut.

Parvenu à la grande lagune, je trouvai la colline rocheuse, bien exposée au soleil, qui domine sa partie inférieure, couverte de fleurs. Reseda gredensis, Cut.; Doronicum carpetanum, Boiss. et Reut.; Centaurea alba var. deusta, Ten., etc., et dans les sables graveleux au bord de la lagune le Narcissus nivalis, Graëlls, en fleurs. Un peu plus loin, sur un petit promontoire, le Meum athamanticum, Jacq., commençant à fleurir. Un peu plus haut je rencontrai quelques échantillons fleuris de la jolie Armeria splendens, Boiss., et bientôt après une véritable banquise de glace dont la tranche ardue comme un mur me barra le passage. La moitié supérieure du lac était encore ensevelie sous une glace hivernale, recouverte de neige qui se prolongeait sans interruption jusque sur les cimes, comblant creux et vallons, et effaçant les inégalités sous-rocheuses de ce paysage sibérien. Sur la moitié inférieure du lac flottaient d'énormes glaçons dont la base plongeant dans l'eau revêtait toutes les nuances du bleu au vert. Il était difficile de se croire en Espagne; mais un brillant soleil étincelait sur ce paysage boréal. Le ciel était sans nuages, aucun vent, aucun mouvement, aucun bruit, calme et silence absolus.

J'aurais désiré contempler la vue au delà de ces cimes élevées. Quatre ou cinq heures de marche sur la neige auraient à peine suffi pour atteindre le faîte. Il fallut y renoncer. Repassant par les mêmes lieux, mon retour à Naval Peral ne m'offrit plus que

---

[1] Le feuillage et le port sont ceux du Ranunculus Pyrenæus, L., mais sans nuance glauque. Les fleurs sont celles du Ficaria ranunculoides, L., d'un jaune plus foncé, à pétales nombreux et étroits. On trouve dans la Nouvelle-Zélande des espèces qui présentent aussi ce dernier caractère.

l'Erodium carvifolium, Boiss. et Reut., et la Gentiana pneumonanthe, L., var. depressa, dans les pâturages qui bordent la
Tormès.

Seize ans plus tard et trois semaines plus avant dans la saison,
cette même chaîne me présentait un tout autre aspect. Plus de
neige nulle part! Des ruisseaux que je ne pouvais passer en 1862
qu'en cherchant un gué et en tirant bas et souliers n'avaient plus
d'eau en 1878. Plus de genêts fleuris. La belle Luzula lactea
complètement desséchée. La jolie Arenaria querioides, qui dans
mon premier voyage fleurissait élégamment sous les genêts,
n'était plus que de la paille. De belles plantes, de rares espèces,
mais broutées ou brûlées. Plus de Gagea polymorpha, Boiss.,
plus de Narcisses, plus de Renoncules. Il est vrai qu'au dire des
gens du pays on souffrait en 1878 d'une sécheresse prolongée [1].
Je ne sais si l'hiver 1862 avait été neigeux dans les montagnes
d'Espagne, ce qui expliquerait les amas de neige que j'ai rencontrés cette année-là dans la haute Sierra de Gredos [2]. Quoi
qu'il en soit, pour voir cette chaîne dans toute la beauté de sa
végétation, il ne faut pas attendre le mois d'août. Le meilleur
moment me paraît devoir être du 15 juin au 21 juillet. Dès
la fin de juillet les champs sont moissonnés, les prairies sont
fauchées, les troupeaux broutent les pâturages.

Je voulais descendre la vallée de la Tormès pour me rendre à
Salamanque. Dans sa partie supérieure, depuis Navarredonda
jusqu'à Barco de Avila, la vallée descend de l'est à l'ouest pendant
environ huit à dix lieues. On a constamment devant soi, dans le
lointain, la vue des cimes de la Sierra de Béjar, encore tachetée
de névés le 24 juillet 1862. Moins haute que la Sierra de Gredos,
elle ne doit pourtant pas avoir moins de 7500 pieds s. m. Tous

---

[1] En 1879, il n'avait pas plu depuis dix-huit mois à Alicante. Les habitants
désespérés émigraient en Algérie. Quelques mois plus tard, ces pauvres gens
subissaient des inondations.

[2] L'année 1860 avait été froide. Au mois d'août les hautes Pyrénées étaient
très en retard. Il neigeait le 2 septembre à Gavarnie. Dans les années froides
les neiges peuvent s'accumuler sur les hautes montagnes et persister plus
d'une année.

les villages sont situés sur la rive droite de la Tormès, ordinairement à quelque distance au-dessus et bien tournés au midi.
Un seul fait exception, c'est Bohoyo [1], bâti dans un vallon latéral qui débouche sur la rive gauche de la Tormès. Par cette
ouverture je voyais, bien en arrière vers le midi, les cimes de la
haute chaîne de Gredos, blanches de neige le 24 juillet 1862. Le
même jour je voyais le long du chemin un Pæonia en fruits, que
je suppose être le P. Broteri, Boiss. et Reut., et tout à côté le
Thalictrum glaucum, Desf.; l'Eryngium tenue, Lam., le Dianthus
lusitanicus, Brot, etc. Parvenu à Aliceria j'y fus pris par un orage
qui me força à me réfugier dans une posada. L'hôtesse m'apprit
que ce village est à quatorze lieues de Salamanque, quatorze
lieues d'Avila et quatorze lieues de Talavera de la reina (lieues
d'Espagne à coup sûr, longues à n'en pas finir). A Aliceria un
pont en pierre me permit de passer sur la rive gauche de la
Tormès et de cueillir le Salix salviæfolia, Hoffsg et Link., avec
l'Eryngium Bourgati, Gouan, en bonnes fleurs. Ce dernier est fréquent à la Sierra de Gredos. Revenu sur la rive droite, j'atteignis
le même soir Barco de Avila [2], petite ville d'environ quatre mille
âmes, que la Tormès contourne à l'ouest en la séparant de la
Sierra de Béjar. La ville de ce nom est quelques lieues plus à
l'ouest encore.

Entre Barco de Avila et Congosto [3], les montagnes s'abaissent
et s'éloignent, la vallée de la Tormès s'élargit en une plaine déserte et stérile toute couverte de blocs erratiques de toutes les
dimensions. Brunis par le temps, ils font l'effet d'un immense
troupeau de pachydermes endormis. De loin en loin entre ces

[1] Je n'ai pas abordé cette localité, que Bourgeau a visitée et où il a
cueilli le 8 juillet 1863 le Genista Barnadesii, Graëlls, et le Sarothamnus
scoparius.

[2] Bourgeau y a cueilli le 2 juillet 1863, au bord de la rivière, le Genista
Barnadesii, Graëlls, dont les semences avaient probablement été apportées
des montagnes environnantes par les eaux.

[3] Dans cette traversée j'ai cueilli Adenocarpus intermedius, DC, que
Bourgeau a aussi cueilli à Barco de Avila et abondamment dans la vallée
de Yerte, au sud-ouest de sa chaîne.

blocs un maigre champ de lin, grand comme un mouchoir de poche, ou un petit recoin de pois chiches, soigneusement gardé par un garçon, de crainte, sans doute, qu'il ne soit récolté par d'autres que les ayants droit.

A Congosto la Tormès bouillonne et forme des rapides entre des roches qui apparaissent à fleur d'eau. Des bandes d'adolescents se jouaient comme des tritons au milieu du courant. Dans un chenal entre ces roches, à deux ou trois pieds d'eau, une herbe courte et molle verdissait le fond. Je n'ai pas pensé d'examiner ce que ce pouvait être.

A partir de Congosto, en allant vers le nord, c'est une plaine à perte de vue, cultivée en champs irrégulièrement parsemés de quelques chênes. Les champs étaient moissonnés et le pays désespérément monotone [1]. Arrivé le soir (25 juillet 1862), avec mon muletier, au bord de la Tormès, large, mais sans pont pour atteindre Salvatierra qui se dressait sur la colline de l'autre côté, il nous fallut héler des gens. Ils vinrent avec une ou deux montures nous prendre en croupe avec nos bagages, pour nous aider à passer l'eau, heureusement paresseuse et peu courante. Je vis avec terreur le moment où toute ma botanique allait prendre un bain qui lui aurait été fort peu profitable. Alternant tour à tour l'un à cheval et l'autre à pied, il nous fallut tout le lendemain pour arriver de grand jour, 26 juillet, à Salamanque. Je renvoyai là mon muletier et continuai seul ce voyage par Medina de Campo, Valladolid, Reynosa et les sources de l'Ebre [2].

Résumé sommaire de la végétation de la Sierra de Gredos.

Il est difficile de présenter sous le rapport de la végétation un tableau complet de cette chaîne après un premier voyage de huit

[1] J'ai vu dans cette traversée deux ou trois buissons de Rotama sphaerocarpa, Bois. Je n'ai pas revu cette espèce plus au nord.
[2] Voyez, sur cette dernière localité, pag. 28 et suivantes.

jours seulement en juillet 1862 et un second d'une douzaine de jours en août 1878.

Nous ne l'avons pas visitée au printemps, ni dans la première moitié de l'été. Et nous n'avons vu en courant qu'un quart ou plutôt un sixième de son étendue totale. Ces réserves faites, voici le résumé de nos observations : Les vallées de la Sierra de Gredos produisent préférablement du blé ou des prairies naturelles. Les champs de blé se rencontrent jusqu'à 4500 pieds, ceux qui dépassent cette altitude sont misérables. Les pâturages des montagnes nourrissent des troupeaux de vaches, de chèvres et de moutons. La manutention du laitage se fait en plein air; nous n'avons vu nulle part de chalets ou de bâtiments affectés à cet usage. Les forêts sont rares et peu étendues. Point de hêtres, point de châtaigniers. Les conifères sont représentés par le Pinus sylvestris, L., qui forme des forêts, surtout aux environs d'Uoyo-quesero et d'Hoyo de les Pino (ou del Pino). Des chênes (presque toujours le Quercus toza) forment aussi des forêts claires, ou croissent isolément dans les haies ou le long des chemins; quelques saules et peu d'autres arbres. Les arbres fruitiers ne se rencontrent qu'en nombre très limité dans les villages, jamais en rase campagne. Ils appartiennent aux espèces robustes. La vigne est une rare exception. Elle manque dans l'intérieur de la chaîne. Point d'oliviers [1] (non plus que dans la Vieille-Castille). Les genêts couvrent de grands espaces dans la région montagneuse au point de gêner la marche en dehors des sentiers battus. Le plus abondant et le plus répandu est le Genista purgans, L. (Sarothamnus purgans, G.-G.), dont la zone s'étend de 4000 à 7500 p. s. m. Il est exclusivement propre aux terrains siliceux et quelquefois accompagné, dans la région supérieure, par le beau Genista Barnadesii, Graëlls, et précédé dans la région inférieure des génistées par les Genista florida, L. ; Genista cinerea, DC., Genista alba, Lam. (Cytisus albus, Link) ; Adenocarpus hispanicus,

---

[1] Les oliviers sont cultivés à Talavera, d'une altitude bien inférieure et situé plus au midi dans la vallée du Tage.

D.-C. ; quelques-uns de ces Genêts, surtout le purgans, fournis-
sent aux habitants leur principal bois de chauffage et le seul que
les vachers trouvent à leur portée dans les montagnes élevées.

Quant aux plantes herbacées, celles qui croissent dans les
champs varient selon les localités, la saison, le terrain et l'altitude, et sont préférablement des plantes annuelles ou bisan-
nuelles; nous mentionnerons : Brassica lævigata, Lag.; Sisym-
bryum asperum, L.; Lepidium perfoliatum, L.; Silene portensis,
L.; Eryngium tenue, Lam.; Pulicaria arabica, Cass.; Senecio gallicus, Vill.; Cirsium flavispina, Boiss.; Centaurea ornata, Willdn.;
Linaria delphinoïdes, Gay ; Linaria spartea, Chav.; Trisetum
ovatum, Pers.; Periballia hispanica, Trin. (Aira involucrata,
Cav.) etc., etc.

Le long des chemins, tertres des routes, etc., on rencontre
Astrocarpus sesamoïdes, Gay; Dianthus juniperinus, Boiss. et
Reut.; Silene legionensis, Lag.; Crucianella angustifolia, L.; San-
tolina rosmarinifolia, L.; Senecio foliosus, Salz ; Senecio Duriæi,
Gay, Anthemis nobilis, L. ; Pyrethrum pulverulentum, Lag.;
Campanula Lœfflingii, L. ; Jasione sessiliflora, Boiss. et Reut.;
Centaurea alba var deusta, Ten.; Anarrhinum bellidifolium DC.;
Digitalis Thapsi, L.; Lavandula pedunculata, Cav.

Dans la région montagneuse de 4500 à 6000 p. s. m., dans les
endroits pierreux, Linaria saxatilis, DC. (Linaria Tournefortii,
Lange); Carduus carpetanus, Boiss. et R.; Jurinea humilis. DC.
Dans les pâturages, Eryngium Bourgati, Gouan.; Nardus stricta,
L.; Merendera bulbocodium, Ram.; Aira flexuosa, L.; Agrostis
truncatula, Parl.; Gentiana pneumonanthe var. depressa, Boiss.
Dans les talus gramineux des fossés, Campanula hederacea, L.;
Stellaria uliginosa, L. Dans les endroits aqueux, Epilobium pa-
lustre, L.; Veronica scutellata, L.; Juncus supinus, Mœnch;
Juncus squarrosus, L.; Viola palustris, L.; Drosera rotundifolia,
L.; et plus rarement, Comarum palustre, L.

Dans la région alpine croissent Saxifraga stellaris, L.; Reseda
gredensis, Cut.; Silene arvatica, Lag.; Ranunculus abnormis,

Willk. et Cut. ; Ranunculus demissus, DC. ; Narcissus rupicola, Duf.; Narcissus nivalis, Graëlls ; Brassica Cheiranthos, Villars.; Armeria splendens, Boiss.; Arabis Boryi, Boiss.; Campanula Herminii, Hoffg. LK.; Umbilicus sedoïdes, D. C.

Il y a très peu de plantes aquatiques dans la Sierra de Gredos dont la nature trop sèche contrarie leur développement; nous n'y avons vu ni Nymphæa, ni Myriophyllum, ni Trapa, ni Hippuris, ni Ceratophyllum, ni Sagittaria, ni Alisma, ni Butomus, ni Calla, ni Lemna, ni Chara, ni Potamogeton, ni Villarsia, ni Hydrocharis, ni Sratiotes [1]. Mais il est plus que probable que quelques-uns de ces genres s'y rencontrent aussi.

Quelques familles nous ont paru pauvrement représentées dans la Sierra de Gredos. Par exemple, les orchidées, les primulacées, les gentianées, les éricacées, les rosacées, etc. Tandis que les familles qui nous ont paru dominer, ou par le nombre des espèces ou par l'abondance des échantillons, sont par exemple les scrofulariacées, les campanulacées, les cynarocéphales, les corymbifères, les légumineuses, surtout les genistées, les caryophyllées, et, enfin, les crucifères. Mais il nous est impossible de préciser la proportion relative des familles. Notre passage dans cette chaîne a été trop court et trop tardif.

La nature de ces montagnes, essentiellement granitiques, exclut un certain nombre d'espèces qui n'aiment pas cette formation géologique. Le calcaire manque dans cette contrée, ainsi que les schistes micacés, ordinairement si riches en plantes. En somme la constitution géologique de la Sierra de Gredos nous a paru peu variée. C'est avec le Guadarrama, dont elle est la continuation, qu'elle a le plus de rapports. Peut-être est-elle moins riche. Le Guadarrama est plus boisé; la Sierra de Gredos plus dépouil-

[1] Dans la grande lagune supérieure, généralement trop profonde pour nourrir des plantes aquatiques, je n'ai su voir que la Callitriche hamulata, Kutzing, et le Sparganium natans, L. Fries, qui projette très loin ses feuilles couchées sur la surface de l'eau. Sa tige, florifère et non ramifiée, se dresse quelque peu au-dessus de l'eau et ne porte guère que deux à trois capitules floraux. Je n'ai pas vu cette espèce dans nos lacs alpins de la Suisse, mais seulement le Sparganium minimum, Fries. (Leresche.)

lée et plus nue. La Serra Estrella, en Portugal, nous a paru de formation très analogue, mais plus dépouillée encore, plus monotone et plus pauvre en plantes. Nous ne pouvons rien dire des chaînes intermédiaires (Sierra de Bejar, Sierra de Gata, Sierra de Francia), que nous n'avons pas visitées. Peut-être ontelles de grands rapports avec les précédentes. Elles ont été, croyons-nous, moins explorées.

Des botanistes nous demanderont peut-être s'il y a quelque chance de trouver du nouveau à la Sierra de Gredos. On trouve encore de temps en temps des espèces nouvelles dans l'Europe centrale, pourquoi n'en trouverait-on plus dans cette partie de l'Espagne? Nous supposons que l'étude des cryptogames fournirait matière à bien des recherches. Les plantes phanérogames sont mieux connues. Quer, dans sa *Flora Espanola* (1762-1784), donne les renseignements qu'on avait de son temps. MM. Willkomm et Lange, dans leur *Prodromus floræ Hispanicæ* (1861-1880), citent souvent la Sierra de Gredos à la suite de leurs descriptions d'espèces qui y croissent[1]. M. Reuter, dans son *Essai sur la végétation de la Nouvelle-Castille* (Genève 1843), donne quelques détails sur la Sierra de Gredos. Il dit que « vers la lagune de Gredos, la neige forme de grands amas qui ne fondent jamais[2]. » (Page 10.) Il nous apprend (page 23) qu'il n'a visité cette chaîne qu'à la fin de l'été (c'était en 1841), qu'elle présente peu de différence dans la végétation avec celle du Guadarrama ; que le peu de variété dans les espèces y est encore plus évidente[3]. Quelques-unes des espèces de la Sierra de Gredos sont

---

[1] Je ne sais si ces anteurs ont abordé ou parcouru la Sierra de Gredos et sur ce point je confesse ma complète ignorance en ce qui concerne Lœffling, Cavanilles, Lagasca, Ortega, Clemente, Webb, Costa, Colmeiro, Loscos, Cosson et tant d'autres, qui ont écrit sur les plantes d'Espagne. M. Boissier, qui a parcouru la majeure partie de ce pays, n'a jamais visité la Sierra de Gredos. (Leresche.)

[2] Mais l'été de 1841, date de son exploration, avait été beaucoup moins chaud que d'habitude. (Pag. 4.)

[3] Il cite dans cette chaîne l'Erica tetralix, L., et le Genista falcata, Brot., que nous n'y avons pas vues.

décrites dans les *Diagnoses plantarum novarum Hispanicarum*, Boissier et Reuter, Genève, mars 1842 ; par exemple, Erodium carvifolium, Boiss. et Reut., qui n'est pas indiqué ailleurs, et Pæonia Broteri, Boiss. et Reut.; Sarothamnus eriocarpus, Boiss. et Reut.; Galium Broterianum, Boiss. et Reut.; Carduus Carpetanus, Boiss. et Reut.; Hieracium Castellanum, Boiss. et Reut.; Jasione sessiliflora, Boiss. et Reut.; Linaria nivea, Boiss. et Reut.; Agrostis nebulosa, Boiss. et Reut., qui toutes se retrouvent aussi dans d'autres chaînes.

Le professeur Graëlls a visité la Sierra de Gredos en 1851, 1852 et 1854 (voyez *Ramilletes*, pag. 4), et probablement en d'autres années encore. Il en décrit quelques-unes des espèces remarquables et accompagne ses descriptions d'excellentes figures dans ses *Ramilletes de plantas Espanolas*. (Madrid 1859.) Nous mentionnerons surtout Genista Barnadesii, Graëlls ; Centaurea amblensis, Graëlls; Leuzea rhaponticoïdes, Graëlls ; Narcissus nivalis, Graëlls ; Narcissus rupicola, Dufour.

Le collecteur Isern a aussi parcouru la Sierra de Gredos, en juillet 1855, et y a découvert la Centaurea Janerii, Graëlls, publiée dans les *Ramilletes*, pag. 8, et cueilli plusieurs autres espèces intéressantes au nombre desquelles le Ranunculus abnormis, Cut. et Willk.

En août 1857, une commission de savants, parmi lesquels des botanistes, fit une excursion à la Sierra de Gredos. Cutanda, dans un appendice à sa *Flore de Madrid*, pag. 743 à 746, donne une liste de soixante-treize espèces observées par eux.

En août 1862, passant à Paris, je rendis compte à M. Jacques Gay de l'excursion que je venais de faire dans ces montagnes. Ce fut l'origine de la décision que prirent quelques botanistes parisiens d'envoyer l'année suivante, dans la même contrée, l'excellent collecteur Bourgeau, avec mission d'explorer les deux versants sud et nord de la Sierra de Gredos [1].

[1] Il est bien regrettable que ce naturaliste, qui a exploré plusieurs contrées d'Espagne et de pays insuffisamment connus dans diverses parties du

Il commence son exploration par les environs de Talavera de la Reina, au bord du Tage, en Estremadure, où il recueille plusieurs vernalités, du 16 avril au 2 mai 1863, telles que Brassica oxyrrhina, Cosson. ; Brassica Valentina, DC. ; Brassica lævigata, Lag.; Diplotaxis catholica, DC.; Eruca sativa, L.; Matthiola tristis, R. Br. ; Malcolmia patula, DC. Du 4 au 7 mai, nous le trouvons au Porto Miravete, cueillant le Sarothamnus scoparius, le Sarothamnus eriocarpus, Boiss. et Reut. ; l'Adenocarpus Hispanicus, DC. ; la Scilla campanulata, Ait. Il passe ensuite à Placencia. Là, du 16 au 21 mai, il récolte le Sisymbrium asperum, L. ; la Diplotaxis virgata, DC. ; le Silene hirsuta, Lag. ; Silene bipartita, Desf. ; Silene vestita, Soyer et Godron ; le Genista hirsuta, Vahl. ; Lotus major, Scop ; Ornithopus compressus, L. ; Lathyrus angulatus, L. ; Œnanthe apiifolia, Brot. Le mois de juin approchait ; la saison était favorable pour aborder les montagnes. Dès le 25 mai, nous le voyons s'arrêter dans la vallée de Gerte, entre Placencia et la Sierra de Gredos et y cueillir Trifolium strictum, L. ; Adenocarpus intermedius, DC. ; Orobus niger, L. ; Genista florida, L. ; Silene Italica, DC. De là il s'élève sur la Sierra Majareina, et du 13 au 18 juin, il récolte Narcissus rupicola, Dufour ; Narcissus nivalis, Graëlls, au bord des neiges ; Fritillaria Messanensis, Rafin, dans la région alpine ; Ornithogalum unifolium, Gawl., var. plurifolium, Cosson. Surmontant le prolongement occidental de la chaîne de Gredos, il descend dans la vallée de la Tormès, et voit le 2 juillet, à Barco de Avila, le Silene portensis, L. ; l'Adenocarpus intermedius, DC., et le Genista Barnadesii, Graëlls. Du 4 au 10 juillet, il parcourt Bohoyo, s'élève sur la partie alpine de la Sierra de Gredos, jusqu'à Cinquo lagunas. C'est à cette partie de son exploration que se rattachent les espèces suivantes :

monde, n'ait pas eu l'habitude de publier le catalogue des espèces qu'il rencontrait. Ce travail ne pourrait plus être fait qu'après beaucoup de recherches. Les collections qu'il expédiait aux amateurs ont été disloquées selon que l'exigeait le classement des espèces.

Genista Anglica, L. ; Sarothamnus purgans, G. G. ; Eryngium Bourgati, Gouan. ; Meum athamanticum Jacq. ; Angelica major, Lag. ; Conopodium (Bunium) denudatum, DC. et Conopodium bunioïdes, Boiss. et Reut.... (Nous n'avons pas trouvé de renseignements sur l'emploi de la semaine du 11 au 18 juillet, les échantillons récoltés à cette date ne nous étant pas tombés sous la main.)

Le 19 juillet, il atteint Navarredonda et le 20 Hoyoquesero, où il récolte le Cytisus albus, Link, en fruits ; le Physospermum aquilegifolium, Koch ; le Heracleum Granatense, Boiss. Le 29 juillet, il aborde le Porto del Pico. Du 4 au 8 août, nous le trouvons à Avila, où il recueille dans les environs : Eryngium tenue, Lam. ; Pimpinella villosa, Schousb. ; Genista cinerea, DC., en fruits ; Sparganium ramosum, Huds. C'est d'Avila qu'il paraît avoir opéré son retour en France [1].

Cette digression sur ce voyage de Bourgeau n'a pas pour but de donner la liste complète des espèces qu'il a rencontrées dans la Sierra de Gredos. Il aurait fallu pour cela parcourir des herbiers et rechercher les échantillons de cette provenance.

Nous n'avons fait cette recherche qu'exceptionnellement pour un petit nombre de familles, dans le but de nous rendre compte de la portion de la chaîne parcourue par cet explorateur. On peut voir par les citations que nous venons de faire que c'est la portion sud-ouest de la chaîne que Bourgeau a visitée avec le plus de soin et à laquelle il a consacré le plus de temps et dans le moment le plus riche de la floraison. Il ne paraît pas avoir visité le nord de la chaîne (la Serrota, Piedrahita), moins encore l'est au delà d'Hoyoquesero comprenant la partie moyenne

---

[1] M. Ernest Cosson mentionne cette exploration dans sa *Notice sur les voyages et les collections de M. Eugène Bourgeau*, lue à Bonneville. dans la séance du 14 août 1866 de la Société botanique de France. Il nous apprend que ce naturaliste a récolté dans cette campagne botanique 235 espèces. Il mentionne Coria et la Sierra de Gata au nombre des points qui devaient être explorés par Bourgeau. Je n'ai pas pu m'assurer que ce desideratum du programme ait été réalisé. J'ai lieu de croire que ces contrées situées sensiblement plus à l'ouest n'ont pas été atteintes. (Leresche.)

du cours de l'Alberche et les versants qui y descendent[1], ainsi que les versants supérieurs de la vallée du Tietar. Il n'est pas probable que cette contrée offre une végétation sensiblement différente de celle de la Sierra de Gredos et de la Sierra de Guadarrama.

L'ESCURIAL

Après notre séparation de M. Boissier (voyez page 75), nous continuons notre voyage vers le sud, selon qu'il en avait été convenu avec lui. Réduits à deux (MM. Levier et Leresche), et privés de la direction expérimentée de notre ami, nous sentons douloureusement son absence. Le 20 juillet 1879, nous arrivons de bonne heure par chemin de fer à l'Escurial. Grand encombrement à la gare, où des nuées d'amateurs venus de Madrid envahissent d'assaut omnibus et voitures. On accepte nos personnes, mais on refuse nos volumineux bagages, qu'on promet de nous amener par le convoi suivant. Installés confortablement dans un bon hôtel, nous commençons par répondre aux exigences de l'estomac. Mais nos bagages n'arrivent point. Les heures passent ; M. Leresche s'inquiète et perd patience. Il retourne à la gare, où nos bagages dorment entassés avec beaucoup d'autres aux abords du bâtiment. De l'ordre et de la surveillance, peu ou point. De retour à l'hôtel, nous décidons d'aller à la recherche de M. le professeur Laguna, attaché à l'administration supérieure des forêts. Nous le trouvons dans un beau bâtiment, dépendance de l'administration. Il nous montre des paquets de .plantes desséchées et nous communique avec une grande obligeance des échantillons d'espèces rares de l'Escurial et de contrées plus méridionales. Nous lui exposons notre projet de visiter Navacerrada, la Granja, Pennalara, Ségovie, et de prendre pour notre retour la voie ferrée d'Avila-Irun-Bayonne.

---

[1] Quelques cimes atteignent ou dépassent 6000 p. s. m.

Après délibération, il est reconnu trop embarrassant de traîner après nous nos volumineux bagages et nous nous décidons à laisser nos paquets de plantes et une partie de nos bagages à l'Escurial et à y revenir après avoir accompli notre excursion. Nous employons le reste de la journée à nous entendre avec un muletier pour le lendemain, à soigner nos plantes en dessiccation, à faire transporter nos bagages dans le bâtiment de l'école forestière, etc.

L'Escurial moderne où est bâti le palais et couvent attenant est à 3480 p. s. m. selon l'évaluation des géographes. En raison de son altitude il jouit d'un bon air en été, quoique très chaud au milieu du jour. La facilité avec laquelle on y arrive, en peu de temps, par chemin de fer, depuis Madrid, en fait un but d'excursion ou de séjour pour les habitants de cette ville. Nous n'entreprendrons pas de faire l'histoire ni la description du colossal monument qui fait la célébrité de ce lieu.

L'Escurial se divise en deux bourgs à quelque distance l'un de l'autre. La voie ferrée de Madrid à Avila passe entre deux. Au sud-est de la voie et en dessous est l'Escurial d'en bas (Escorial de abajo). C'est le vieux Escurial. A quelque distance sont des lagunes qui offrent plusieurs plantes aquatiques ou marécageuses. Nous n'y avons pas été[1].

Au nord-ouest de la voie, à quart d'heure au-dessus, est l'Escurial surnommé San Lorenzo, à cause du château et couvent dédié à ce saint. La ville est plus moderne que l'Escurial d'en bas. Elle est dominée au nord par un amphithéâtre de collines granitiques arides, stériles et dépouillées de forêts. Elles masquent le Guadarrama plus élevé mais plus lointain au nord. Malgré leur aridité ces collines ou basses montagnes offrent dans la saison convenable une grande variété d'espèces de

---

[1] On y indique Antinoria agrostidea, Parl, ; Damasonium minimum, Lge ; Damasonium stellatum, Dalech ; Alisma ranunculoïdes, L. ; Montia minor, Gmel ; Œnante crocata, L. ; Ulricularia vulgaris, L. ; Peplis portula, L. ; Limosella aquatica, L. ; Veronica scutellata, L. ; Preslia cervina, Fresen. ; Spiranthes æstivalis, Rich. ; etc.

plantes naturelles au pays. Plusieurs sont rares et très appréciées des botanistes. Au printemps on peut cueillir dans le parc de l'Escurial quatre jolies espèces de Narcisses: Narcissius Graellsii, Webb.; Narcissus pallidulus, Graëlls; Narcissus rupicola, Dufour; Narcissus pseudonarcissus, L.; et ailleurs dans les environs fleurissent d'intéressantes vernalités. En juin et commencement de juillet une floraison très variée se multiplie sur les collines.

[1] J'avais déjà visité l'Escurial en 1862; venant de Madrid en chemin de fer le 4 juillet, je fus désagréablement impressionné par l'aspect nu et aride du pays. Les arbres y sont remplacés par des rochers et la verdure par de la pierraille. Le Retama sphærocarpa, Boiss., originale Genistée couverte de petites et nombreuses fleurs jaunes, donnait seul quelque attrait à ces solitudes. Mais cet arbuste disparaît un peu avant l'Escurial, dont le climat, paraît-il, ne lui est pas favorable.

Installé dans un hôtel, je me hâtai de prendre connaissance du pays dont j'herborisai plus complètement les hauteurs les 5 et 6 juillet. Les espèces les plus apparentes par leur abondance ou leur taille à demi frutescente sont Thymus mastichina, L.; Lavandula pedunculata, Cav.; Dianthus lusitanicus, Brot., étalant à profusion ses petits buissons à fleurs roses; Rumex induratus, Boiss. Stipa gigantea, Lag., aux culmes droits, à caryopses très longuement aristés. Puis quelques échantillons moins nombreux mais plus apparents de la reine des graminées de ce pays par sa taille et sa magnifique panicule à l'aspect avénacé et aux reflets métalliques, le Macrochloa arenaria, Kunth. Mais cette belle plante fait le désespoir des botanistes par sa vaste panicule, qu'ils essayent vainement de contenir dans le format de leur papier. Mentionnons encore la Santolina rosmarinifolia, L., dont les gros capitules jaunes sont portés sur des rameaux nus strictement dressés en balais; la Digitalis Tapsi, L., de taille beaucoup plus modeste que sa sœur, la Digitalis purpurea, L. La plante est multicaule. Le feuillage drapé est légèrement teint de

[1] Récit de M. Leresche.

rouille. Et l'Astrocarpus Clusii, Gay, abondamment couvert de jolies fleurs blanches. Enfin l'élégant Pyrethrum sulfureum, Boiss.

A côté ou parmi ces nobles patriciennes croissent de nombreuses espèces plus petites ou moins apparentes, telles que Herniaria scabrida, Boiss.; Evax Carpetana, Lange; Tillæa muscosa, L.; Anthemis nobilis, L.; Filago arvensis, L.; Senecio gallicus, Vill.; Buffonia macropetala, Willk.; Bellis perennis, L., var. gracilis; Campanula Erinus, L.; Campanula Lœfflingiana, L.; Wahlenbergia hederacea, Rchb.; Silene Agrostemma, Boiss. et Reut.; Silene legionensis, Lag.; Silene hirsuta, Lag.; Silene portensis, L.; Hypericum perforatum, L.; Hypericum linearifolium, Vahl.; Ortegia hispanica, L.; Paronychia argentea, Lam.; Sedum amplexicaule, D C.; Sedum hirsutum, All.; Sedum villosum, L.; Sedum brevifolium, D C.; Sedum pedicellatum, Boiss. et Reut.; Sedum rubens, D C.; Umbilicus pendulinus, D C.; Asterolinon stellatum, Hoffmg. Les derniers restes de la Gagea polymorpha, Boiss., et quelques jolies graminées, telles que Trisetum ovatum, Pers.; Festuca delicatula, Lag.; Agrostis truncatula, Parl.; Agrostis castellana, Boiss. et Reut.; Aira lendigera, Lag.; Enfin l'Asplenium lanceolatum, Huds., etc.

Les hauteurs rocheuses qui dominent l'Escurial sont dépourvues d'arbres. En fait de buissons je n'y ai vu qu'un pied de Rosa Hispanica, Boiss. et Reut.; β Escurialensis, Reuter[1], que j'ai recherchée sans pouvoir la trouver, en 1879.

Le 20 juillet 1879, avec M. Levier et conduits par M. le professeur Laguna, nous faisons une promenade sur les hauteurs de l'Escurial depuis les cinq heures du soir. Mais la saison est déjà trop avancée. Le beau moment de la floraison est passé depuis longtemps. C'est à grand peine si nous trouvons quelques derniers échantillons de Stipa gigantea, Lag.; Agrostis castellana, Boiss.

[1] Cette espèce, décrite d'abord dans le *pugillus* de Boissier et Reuter (1852) pag. 44, puis reproduite dans Cutanda *fl. de Madrid* (1861) pag. 284, est rattachée par Crépin in Willk. et Lge *flor. Hispanica* vol. 3, pag. 215, à la Rosa Pouzini. *Tratt. monogr.* (Leresche).

et Reut.; Wahlenbergia hederacea, Boiss.; Evax carpetana, Lge.;
Buffonia macropetala, Willk ; et, en meilleur état, Santolina rosmarinifolia, L.; et Helichrysum serotinum, Boiss.; puis, contournant la ville par l'ouest pour descendre en dessous, nous entrons dans un bosquet de chênes, où nous cueillons en fleurs
Rubus Hispanicus, Willk.; et Margotia laserpitioïdes, Boiss.;
puis en fruits trop jeunes, à peine commençants, Quercus lusitanica, Lam. A partir de là, les hauteurs se prolongent vers
l'ouest et sont revêtues de forêts de pins.

TRAVERSÉE DE L'ESCURIAL A NAVACERRADA

(GUADARRAMA)

Laissant le gros de nos bagages à l'Escurial, nous partons, le
21 juillet 1879, avec nos montures et un muletier. Nous commençons par descendre un peu. Sur le bord d'un ruisseau croît
le Fraxinus angustifolia, Vahl.; et bientôt, auprès d'un hameau,
sur le bord de la route, une fontaine nous offre son eau rafraî-
chissante. La route continue en plaine et nous fait passer auprès
d'un vaste pâturage presque exclusivement couvert de Margotia
laserpitioïdes, Boiss., blanchissant la contrée de ses grosses ombelles chargées de fleurs ; mais pas encore de fruits et presque
plus de feuilles, déjà brûlées par le soleil. Comme nous étions à
cueillir, notre muletier nous fait signe de nous éloigner. Etait-ce
les bœufs et les vaches qui paissaient en grand nombre dans le
voisinage, ou bien leurs gardiens ou leurs dogues qui faisaient
sur notre homme une impression qui ressemblait encore plus
à de la terreur qu'à du respect. Nous obéissons, plus soumis
que convaincus. Bientôt après nous atteignons une posada,
où l'on nous sert un modeste déjeuner auquel nous faisons
bon accueil. Près de cet endroit se croisent à angle droit deux
routes. L'une descend de Porto Guadarrama, passe au village de
ce nom et va aboutir à Villalba. L'autre, partant de l'Escurial,

passe près du village de Navacerrada et monte dé là au col de ce nom, pour descendre sur l'autre versant de la chaîne du Guadarrama. C'est cette dernière que nous suivons [1]. Peu à peu elle s'élève au-dessus de la plaine et traverse une broussaille où abonde le Cistus laurifolius, L. On arrive ainsi à une posada où la diligence fait relai [2]. On domine déjà d'une certaine hauteur la base du Guadarrama. La montée continue longuement, d'une manière uniforme, à travers une forêt de Pinus silvestris, dans laquelle nous pouvons cueillir la Luzula lactea, Link., à demi passée, et la Linaria nivea, Boiss. et Reut. à peine fleurie. M. Levier arrive le premier sur le col de Porto Navacerrada (5475 ou selon d'autres 5833 p. s. m.) et s'élance impatiemment vers les cimes qui le dominent. M. Leresche arrive après lui au refuge (où l'on peut avoir du vin et peu de chose avec). Il se hâte de faire une dessiccation pour vider sa boîte, et se dirige à son tour vers la cime.

Le Genista purgans, L., commence près du col, là entièrement défleuri, mais en bonnes fleurs environ quinze cents pieds plus haut, près de la cime. Dans cette longue ascension à travers une zone assez ardue et surtout très pierreuse, on peut récolter çà et là le Cotyledon sedoïdes, DC.; Linaria saxatilis, D. C. (Linaria Tournefortii, Lange); Armeria caespitosa, Boiss.; presque entièrement passée; Campanula Herminii, Hoffm. et Link; Saxifraga Willkommiana, Boiss., dans les rochers supérieurs. Senecio Tournefortii, Lapeyr., près du sommet. Sur la pente qui est au-dessous, du côté du midi, s'établit chaque année un névé plus ou moins vaste formé par les neiges hivernales que les vents du nord balayent sur les sommités et précipitent sur le flanc mé-

---

[1] J'avais déjà suivi cette route dans un précédent voyage, lo 7 juillet 1862. J'étais à pied, accompagné d'un porteur, Français égaré loin de son pays, après avoir parcouru les quatre parties du monde. Le chemin était couvert sur ses bords de charmantes plantes dans le meilleur état: Aira involucrata, Cav.; (Periballia hispanica, Trin.;) Pyrethrum sulfureum, Boiss.; Plantago acanthophylla, Decaine; etc. (Leresche.)

[2] J'avais cueilli là en 1862 l'Adenocarpus intermedius, DC. (Leresche.)

ridional. Les nevieros viennent chaque année exploiter cette neige
durcie, qu'ils transportent à l'Escurial et à Madrid[1].

Nous avions donné pour consigne au muletier de ne pas
attendre notre retour sur le col, mais de nous précéder dans la
descente nord, et de nous attendre à une posada qui se trouve
au bas. La montée de Navacerrada avait été longue, la descente
de l'autre côté ne le fut pas moins. Elle s'accomplit par une
belle route à travers de magnifiques forêts de Pinus silvestris,
d'entre les plus belles qu'on puisse voir en Espagne. La route,
dans sa partie inférieure, fait de grands lacets qui se prolongent
vers l'ouest. Dans cette descente boisée on peut cueillir Erica
arborea, L., qui remonte vers le col jusqu'à 5000 pieds d'altitude au-dessus de la mer. Puis Lampsana minima, All.; Ranunculus carpetanus, Boiss. et Reut.; Senecio Duriæi, Gay; Doronicum carpetanum, Boiss. et Reut.; Geum Pyrenaïcum, W. Genista
cinerea, DC.; Genista florida, L.; Linaria nivea, Boiss. et Reut.;
Digitalis purpurea, L. ; Polypodium Dryopteris, L; Polypodium
Phegopteris, L. ; etc.

Au bas de la descente se trouve une posada fréquentée surtout
par les muletiers, mais où le voyageur peut, au besoin, loger
tant bien que mal. Dans cet endroit-là vient aboutir une vallée
boisée au fond de laquelle coule un ruisseau qui descend des
Siete Picos, cime du Guadarrama un peu moins élevée que Navacerrada et située plus à l'ouest. M. Leresche rejoint enfin M. Levier, occupé à mettre en presse ses plantes près d'un pont où se
réunissent les eaux de Navacerrada et celles qui descendent des
Siete Picos. Il se faisait tard, et après avoir cheminé encore
deux heures, nous arrivons à environ dix heures du soir à la
Granja, où une bonne auberge, tenue par une famille française,
nous reçoit.

---

[1] Le 8 juillet 1862, j'avais vu ce névé une première fois. J'ai été bien surpris de le trouver beaucoup plus considérable le 21 juillet 1879, quoique la
saison fût plus avancée. Mais l'hiver avait été beaucoup plus neigeux.
(Leresche.)

LA GRANJA, SÉGOVIE, PENNALARA

Saint-Ildefonse, aussi appelé la Granja, est une petite ville, plus propre et mieux tenue que ne le sont en général les petites villes d'Espagne. Ses rues régulières dénotent une ville moderne plutôt qu'antique. Son altitude élevée (3897 p. s. m.) et sa situation à la base nord du Guadarrama lui procurent un climat sain et très agréable en été. Au-dessus de la ville est un château où le roi vient ordinairement faire un séjour en été. Un parc boisé ajoute à l'agrément de ce site.

A deux lieues au nord-ouest de la Granja est la ville de Ségovie. Nous nous décidons, le 22 juillet 1879, à y faire une excursion à cheval. La route qui y mène à travers la portion la plus méridionale du plateau de la Vieille-Castille est monotone. On a constamment devant soi, longtemps avant d'y arriver, la vue du clocher de la cathédrale. Un ravin contourne la base méridionale de la ville qui domine au loin à une grande distance toute la contrée environnante. Le Guadarrama termine l'horizon vers le sud sur une grande étendue. A peine entrés dans la ville, les étonnantes et gigantesques constructions de l'aqueduc romain attirent nos regards. Les énormes blocs de pierre de taille dont il est construit abritent dans leurs interstices des touffes de Sarcocapnos enneaphylla, DC., abondamment fleuries. Nous en remplissons nos boîtes.

Nous parcourons dans différentes directions cette ville montueuse et irrégulière, tantôt visitant les monuments, tantôt herborisant les flancs de vieilles murailles ou les rocailles qui bordent les promenades. Cette herborisation n'est pas variée. Nous nous bornerons à citer une forme de Linaria origanifolia, DC., très rameuse et à petites fleurs [1]; l'Antirrhinum Hispanicum,

---

[1] Elle est conservée dans l'herbier de M. Reuter sous le nom inédit de Linaria Segoviensis, récoltée par lui en juillet 1858 et étiquetée de sa main, mais sans description, en sorte que nous ne savons pas sur quels caractères il voulait établir cette distinction.

Chav.; à fleurs plus petites que celles de l'A. majus, L.; et d'un rose pâle carné, à feuilles pubescentes subglutineuses. Et la Nepeta lanceolata, Lam.; exactement semblable à celle qu'on cueille dans les Alpes de la vallée d'Aoste. L'après-midi avançait et nous reprenons par la même route la direction de la Granja. Nous avons constamment devant les yeux, dans le lointain, la cime prolongée du mont Pennalara, courant du nord-est au sud-ouest. C'est la plus haute cime (7490 p. s. m.) du Guadarrama. Elle se relie par l'extrémité sud à Navacerrada, où toute la chaîne tourne un peu vers l'ouest. Vu depuis la route de Ségovie, Pennalara nous présente dans sa partie supérieure un escarpement, dans l'anfractuosité duquel un grand amas de neige s'est conservé depuis l'hiver. Herboriser auprès de la neige à la fin de juillet est toujours une aubaine pour des botanistes. Joyeux de cette perspective, nous nous demandons l'un à l'autre ce que nous pourrons y trouver dans la journée de demain. De retour à la Granja, nous soldons nos muletiers qui reprennent avec les montures le chemin de l'Escurial.

Le lendemain, 23 juillet, M. Leresche, fatigué et légèrement indisposé, n'ose pas accompagner M. Levier qui part de grand matin pour l'exploration de Pennalara. Toutefois celui-ci, avant de partir, laisse à son infortuné camarade, à titre de consolation, une ordonnance à transformer par le pharmacien en médicament. Mais, grâce à un repos prolongé de quelques heures, le maladif reprend courage, enfourche une bête, et accompagné d'un muletier, s'apprête à suivre les traces de M. Levier.

L'ascension s'accomplit d'abord à travers une belle forêt qui revêt la moitié inférieure de la montagne. Sous ses ombrages et dans ses clairières croissent plusieurs espèces intéressantes, ici attardées, mais qui seraient ailleurs totalement passées. Puis à la région boisée succède au-dessus une région de pâturages pierreux avec d'autres plantes. Bientôt la pente devient plus rapide, il faut abandonner le cheval. La vue perçante du guide découvre de loin, sur les rochers, M. Levier, herborisant avec frénésie. Une zone de rochers succède à celle des pâturages et termine les cimes de la montagne. C'est la partie la plus intéressante de l'herborisation. Sur ces rochers nous cueillons en fleurs l'Armeria cæspitosa, Boiss., que nous avions trouvée entièrement passée à Navacerrada, et le Brassica cheiranthos, Villars; la Biscutella pyrenaïca, Huet; la Gagea polymorpha, Boiss.; le Saxifraga Willkommiana, Boiss., à petits corymbes de fleurs d'un beau blanc, à feuilles trifides; la Jasione Carpetana, Boiss. et Reut.; Jasione amethystina, Lag.; Arabis Boryi, Boiss.; Umbilicus sedoïdes, DC.; Linaria saxatilis, DC.; Campanula Herminii, Hoffg., qui se retrouve plus bas dans les pâturages, etc., etc. Ces rochers se prolongeaient fort loin en s'élevant insensiblement vers le sud-ouest sans nous promettre rien de nouveau. La journée avançait. Nos estomacs criaient famine. Point d'Hébé pour nous servir à manger. Nous prenons place sur quelque recoin du rocher, nous faisons l'inventaire de nos provisions pour répartir à chacun sa portion congrue. Un pied pendant sur la Vieille-Castille et l'autre sur la Nouvelle-Castille, nous admirons l'immense panorama qui se déroule à quelques lieues au-dessous de nous. Tout près de nous, un nevé s'étend en épaisse bordure le long du rocher sans paraître nullement pressé de fondre sous les rayons d'un soleil étincelant. A quelque distance à l'est, un peu plus bas que nous, miroite la surface d'un petit lac alpin récemment abandonné par la neige. Nous levons séance sans attendre le café à l'eau. M. Levier, toujours curieux de fureter, se dirige vers la petite lagune et, repassant bientôt après sur le versant de la Granja, rapporte quelques échantillons de Narcissus rupicola, Dufour, à M. Leresche, qui regrette de ne l'avoir pas suivi.

Il ne fallait plus penser qu'au retour. Nous herborisons encore en descendant dans la direction de la Granja. Nous cueillons dans les pâturages les Sedum anglicum, Huds. et brevifolium, DC.; le Senecio Tournefortii, Lapeyr.; le Doronicum Carpetanum, Boiss. et Reut.; le Hieracium myriadenum, Boiss. et Reut. Plus bas, dans les éclaircies des bois, le Dianthus lusitanicus. Brot. encore en bonnes fleurs ; Genista florida, L. ; Genista cinerea, DC. ; Ornithopus perpusillus, L. ; Geum sylvaticum, Pourr. ; Sedum amplexicaule, DC. ; Bunium subcarneum, Boiss. et Reut. ; Thapsia villosa, L. ; Crucianella angustifolia, L. ; Centaurea alba, var. deusta. Ten. ; Hispidella Hispanica, Lam. ; Campanula Lœfflingii, L. ; Linaria nivea, Boiss. et Reut. ; Agrostis Castellana, Boiss. et Reut. ; Agrostis nebulosa, Boiss. et Reut. ? ; Anthoxanthum ovatum, Lag. ; Cynosurus elegans, Desf. ; Cynosurus echinatus, L. ; Aira involucrata, Cav. ; Festuca delicatula, Lag. ; Macrochloa arenaria Kunth, trop avancé ; Poa bulbosa, L. ; Trisetum ovatum, Pers. ; etc., etc.

Nous avons été très contents de l'herborisation de Pennalara qui, en raison de son altitude, avait conservé sa fraîcheur de floraison. Nous avons regretté de n'avoir pas pu y consacrer plus de temps. On y indique beaucoup d'autres espèces, que nous n'y avons pas rencontrées, par exemple : Nasturtium hispanicum, B. R.. ; Silene legionensis, Lag. ; Arenaria recurva, All. ; Arenaria querioïdes, Pourr. ; Arenaria montana, L. ; Ilex aquifolium, L. ; Sarothamnus vulgaris, Wimmer ; Umbilicus sedoïdes, DC. ; Senecio Duriæi, Gay ; Senecio sarracenicus, L. ; Carduncellus Monspeliensium, All. ; Thrincia tuberosa, DC. ; Gentiana pneumonanthe, L. ; Armeria splendens, Boiss. (Isern.) ; Asphodelus albus, L. ; Merendera Bulbocodium, Ram. ; Deschampsia flexuosa, Griseb. (Aira flexuosa, L.)

Quant à la Granja et ses environs immédiats, nous n'avons pas eu assez de temps pour y herboriser. Nous avons remarqué dans les environs de la ville la Digitalis Thapsi, L. On indique dans cette localité : Ranunculus Carpetanus, Boiss. et Reut. ; Sisymbrium crassifolium, Cav. ; Silene Agrostemma Boiss. et Reut. ; Anthemis chrysocephala, Boiss. et Reut. ; Carduus Carpetanus, Boiss. et Reut. ; Carex Reuteriana, Boiss.

Nous voulions retourner à l'Escurial. Nous aurions pu suivre une route qui longe la base nord du Guadarrama et par laquelle on peut atteindre en moins d'une journée la venta de

S.-Rafaël [1], où passe une grande route allant à Puerto de Guadarrama, d'où l'on peut facilement gagner l'Escurial. Mais nous étions chargés de nos abondantes récoltes et nous prenons une diligence qui nous mène de la Granja à Villalba, où passe le chemin de fer de Madrid à l'Escurial.

Nous arrivons dans ce dernier endroit le 24 juillet 1879, au matin. Toute la journée est employée à soigner nos plantes et rassembler nos bagages. Le même soir à 10 heures, nous montons en wagon et le lendemain, 25 juillet, nous arrivons à Bayonne à la nuit close. C'est là que s'opère notre séparation, M. Leresche pour revenir en Suisse et M. Levier pour s'acheminer sur Florence.

MOUSSES RÉCOLTÉES EN 1878 EN ESPAGNE
ET EN PORTUGAL

Les mousses n'ont pas figuré jusqu'ici dans le compte rendu de nos pérégrinations en Espagne. Le moment est venu d'en dire un mot.

A une date plus ancienne, M. Boissier a récolté des mousses dans plusieurs de ses voyages. Il les a étudiées précédemment, en compagnie de son ami M. Reuter, dont ceux qui ont eu le bonheur de le connaître regrettent vivement la perte, survenue il y a déjà plusieurs années. Mais dans les courses que nous avons faites ensemble en 1878 et en 1879 en Espagne, M. Boissier n'en a guère récolté. M. Levier, qui en aime l'étude, a profité de nos courses pour en faire une récolte aussi abondante que le permettait la recherche des phanérogames. C'est à lui que

---

[1] J'avais fait à cheval ce trajet le 9 juillet 1862 et cueilli la Campanula Lœfflingii, L., le long de la route où croissent aussi Macrochloa arenaria, Kunth. ; Agrostis truncatula, Parlat., etc. ; le lendemain, je pus cueillir sur le Guadarrama, Genista cinerea, DC. ; Adenocarpus Hispanicus, DC. ; Digitalis Thapsi, L. (Leresche.)

nous devons le catalogue ci-après. M. Leresche, profitant d'une occasion aussi favorable, en a récolté avec lui, mais en beaucoup moins grand nombre d'espèces et d'échantillons.

MOUSSES FRONDEUSES

récoltées en Espagne et en Portugal (juillet-août 1878) et déterminées par M. le professeur Ph.-W. Schimper.

1. *Andreœa crassinervia* Brch. Serra d'Estrella. alp. c. fr.
2.   »   *petrophila* Ehr. Astur. (Pico de Arvas). c. fr.
3.   »   *rupestris* (L.) Gredos. alp. c. fr. — Estrella. Alp. c. fr.
4. *Aulacomnium palustre* (L.) Estrella. palud. alp. c. fr.
4 b. » *androgynum* L. Guadarrama, supra la Granja, c. fr. (1879.)
5. *Barbula canescens* Brch. Coimbra.
6.   »   *marginata* Brch. et Schp. Cintra. ad muros abunde. c. fr.
7.   »   *revoluta* Schwgr. Grado (Astur.) c. fr.
8.   »   *rigidula* (Dicks. sub. Bryo) Schpr. Cintra.
9.   »   *tortuosa* (L.) in fauce fluminis Deba (prov. Santander). c. fr.
10.   »   *unguiculata* Hedw. *var?* Picos de Europa. Grammas. c. fr.
11. *Bartramia ithyphylla* Brid. Estrella. c. fr.
12.   »   *Oederi* (Gunn.) Picos de Europa. c. fr. — Astur. mont. c. fr.
13.   »   *stricta* Brid. Orense in Galicia. c. fr.
14. *Brachythecium plumosum* (Swtz)? Gredos. ster.
15.   »   *rivulare* (Brch.) Gredos. ster.
16.   »   *rutabulum* (L.) Gredos. ster.
17.   »   *?*   Gredos. ster.
18. *Bryum alpinum* L. Estrella. alp. c. fr. et Guadarrama subalp. 1879 c. fr.
18 b. »   » var. *atlanticum* Schpr. Astur. mont. c. fr.
19.   »   *atro-purpureum* W. et M. Coimbra. c. fr.
20.   »   *capillare* L. Estrella c. fr.
20 b. »   » var. Schimp. in litt.; Astur. subalp. c. fr.
21.   »   *murale* Wils (non L.) Astur. mont.
22.   »   *pallescens* Schleich. Picos de Europa. c. fr.

22 *b*. *Bryum pallescens* forma *alpina*. Picos de Europa. c. fr.

22 *c*.   »   » var. *septentrionale* (Schpr. in lit.) (an boreale ?)
      Gredos. c. fr.

23.   » *pseudo-triquetrum* (Hedw.) Picos de Europa. — Astur.
      c. fr.

24. *Camptothecium lutescens* (Huds.) Santander, ster.

25. *Campylopus polytrichoides* DNot. Coimbra, in pineto. ster.

26.   » *fragilis*, Dicks. Cintra. ster.

27. *Ceratodon chloropus* Brid. Cintra. c. fr. et form. *minor*. ibid.

28.   » *purpureus* (L.) Astur. c. fr.

29. *Cinclidotus fontinaloides* (Hedw.) Gredos. ster.

30.   » *riparius*. Br. Sch. in fauce flum. Deba (prov. Santander).
      c. fr.

31. *Cryphæa heteromalla* (Hedw.) Coimbra. c. fr.

32. *Dicranella heteromalla* (Hedw.) Astur. mont. c. fr.

32 *b*.   »   » form. *breviseta* Astur. mont. c. fr.

33.   » *varia* (Hedw.) var. *tenuifolia*. In fauce fluminis Deba (prov.
      Santander). c. fr.

34. *Dicranum falcatum* Hedw. Estrella. c. fr.

35.   »   *fuscescens* Turn. (congestum Brid.) Pico de Arvas.
      Astur. c. fr.

36.   » *scoparium* L. Pico de Arvas. Astur. c. fr.

37.   » *Starkii* W. et M. Pico de Arvas. Astur. c. fr. Estrella. c. fr.

38. *Didymodon rubellus* (Roth.) Picos de Europa. Astur. ad Grado.
      c. fr.

39. *Encalypta rhabdocarpa* Schwgr. Picos de Europa.

40. *Entosthodon Templetoni* (Hook.) Cintra. c. fr.

41. *Eucladiun verticillatum* (L.) in fauce fluminis Deba (prov. San-
      tander). c. fr.

43. *Eurhynchium crassinervium* (Tayl.) Cintra.

43.   » *striatulum* (R. Spruce) Serra d'Estrella. c. fr.

44.   » *striatum* (Schrb.) var. *meridionale* Schp. c. fr. Cintra.

45.   » *strigosum* (Hoffm.) Cintra.

46. *Fabronia pusilla* Raddi. Picos de Europa. subalp. ad querc. c. fr.

47. *Fissidens decipiens* DNot. Cintra ster.

48.   » *grandifrons* Brid. in fauce fluminis Deba (prov. San-
      tander); ad stillicid. rup. calcar. ster.

49. *Fissidens serrulatus* Brid. Cintra. ster.

50. *Fontinalis antipyretica* L. Sierra de Gredos. alp. c. fr. cop.

51. *Funaria hygrometrica* (L.) Santander. c. fr. — Picos de Europa
c. fr. Orense in Galicia. c. fr.

52. *Grimmia apocarpa* (L.) Picos de Europa. c. fr. — Astur. c. fr.

52 *b*. »   » var. *gracilis*. Picos de Europa.

53.   » *fragilis*. Schpr. ad moles graniticas cacum. montis Estrella
Lusitaniæ abunde et pulcherrime fr.

54.   » *Schultzii* (Brid.) Serra d'Estrella. c. fr.

55.   » *trichophylla* Grev. Serra d'Estrella. c. fr.

55 *b*. »   » var. *meridionalis* Schpr. Orense in Galicia. c. fr.

56. *Gymnostomum calcareum* N. et Hsch. Grado in Astur. c. fr.
creberrimis ad muros. Cintra. c. fr.

57. *Hedwigia ciliata* (Dicks.) Serra d'Estrella. c. fr. ad moles graniticas.

58. *Homalia Lusitanica* Schp. Cintra ; ad arbor. vetust. steril.

59. *Homalothecium sericeum* (L.) in fauce fluminis Deba (Prov.
Santander). — Astur. mont. c. fr. — Orense in Galicia.
c. fr.

60. *Hylocomium squarrosum* (L.) forma. Sierra de Gredos. ster.

61. *Hymenostomum tortile* (Schwgr.) Astur. mont. c. fr.

62. *Hypnum aduncum* Hedw. var. Sierra de Gredos. alp.

63.   » *commutatum* Hedw. Picos de Europa.

64.   » *cupressiforme* L. Orense in Galicia. c. fr. — Cintra. c. fr.

65.   » *fluitans* Hedw. var. *alpinum*. Serra d'Estrella. ster.

66.   » *ochraceum* Wils. forma. Sierra de Gredos. ster.

67.   » *palustre* L. v. *subsphœricarpon* Schp. Sierra de Gredos.
ster.

68.   » *uncinatum*. Hedw. Sierra de Gredos. c. fr.

69. *Leptodon Smithii* (Dicks). Cintra. c. fr.

70. *Leptotrichum flexicaule* (Schwgr.) Picos de Europa.

71.   » *homomallum* (Hedw.) Serra d'Estrella. c. fr.

72.   » *subulatum* (Brch.). Cintra. c. fr.

73. *Mnium punctatum* L. Sierra de Gredos. alp. ster.

74. *Neckera complanata* (L.) Coimbra. ad arbor. truncos. ster.

75. *Orthotrichum anomalum* Hedw. Sierra de Gredos et Picos de
Europa 1879 c. fr.

75 *b*. *Orthotrichum anomalam*, var. *Ibericum*, Venturi, Picos de
Europa 1879 c. fr. (Note 1, voy. à la fin de la liste.)

76. » *cupulatum* Hffm. Picos de Europa. (Exempl. unic. deter-
minavit D. Schimper.)

77. » *diaphanum* Schrd. Astur. ad Grado. c. fr.

78. » *rupestre* Schleich. var. *Ibericum*, Venturi, Sierra de
Guadarrama 1879, Pico d'Arvas 1878 c. fr. (Note 2.)

79. *Philonotis fontana* L. Astur. mont. c. fr. — Sier. de Gredos. c. fr.

79 *b*. » » f. *gracilis*. Serra d'Estrella. ster.

80. » *rigida* Brd. Astur. inter Salas et Cangas de Tineo c. fr.
pulcherr.

81. *Plagiothecium denticulatum* (L.) Serra d'Estrella, ster.

82. *Pogonatum aloïdes* (Hdw.) Astur. mont. c. fr. — Estrella. c. fr.

83. *Polytrichum formosum* (Hdw.) Astur. c. fr.

84. » *juniperinum* Hdw. var. *alpinum*. Picos de Europa. c. fr.

84 *b*. » » » typ. Astur. mont. — Orense in Galicia.

85. » *piliferum* Schrb. Picos de Europa 1879. c. fr. — Astur.

86. *Pseudoleskea catenulata* (Brid.) in fauce fluminis Deba (prov.
Santander). ster.

87. *Pterigynandrum filiforme* (Timm.) Picos de Europa. subalp. ad
quercuum truncos. c. fr. — Serra d'Estrella. ad rupes
granit. ster.

88. *Pterogonium gracile* (L.) Orense in Galicia. c. fr.

89. *Ptychomitrium polyphyllum* (Dicks.) Astur. inter Salas et Cangas de Tineo, ad rupes madidas. c. fr.

90. *Racomitrium canescens* (Hdw.) var. *ericoides* Br. et Sch. Astur.
supra Salas. c. fr.

91. » *heterostichum* (Hdw.) Pico de Arvas (Astur.)

92. » *lanuginosum* (Hdw.) Serra d'Estrella. ster.

93. » *patens* (Dicks.) Astur. supra Salas. c. fr. — Pico de
Arvas (Astur.) — Serra d'Estrella alp. c. fr.

94. » *protensum* Al. Brn. Serra d'Estrella. c. fr.

95. *Sphagnum acutifolium* Ehr. Pico de Arvas in Asturiis. alp. ster.
Serra d'Estrella. alp. ster.

96. » *rigidum* Sch. var. *compactum*. Serra d'Estrella. ster.

97. » *subsecundum* Nees. Serra d'Estrella. alp. ster.

98. *Thamnium alopecurum* (L.) Cintra. ster.

99. *Trichostomum Barbula* Schwgr. Uberrime fructificans ad
    muros vetustos circa Cintra.

100. » *crispulum* Brch. In fauce fluminis Deba (prov. Santan-
    der). c. fr.

101. » *mutabile* Brch. Cintra. c. fr.

102. » *tophaceum* Brid. In fauce fluminis Deba (prov. Santan-
    der). c. fr.

103. *Trichostomum* (??.... Schimp. in lit.) Cintra. ster.

104. *Ulota crispa* (Hedw.) ad ramos castaneæ. Prov. de Santander
    1879. c. fr.

105. *Weisia leptocarpa* (pro Europa nova !) Schimp. Musc. Alger.
    rara ! (Note 3.) c. fr. Cintra.

106. » *viridula* Brid. Astur. ad Grado. c. fr. — Serra d'Estrella.

107. *Webera cruda* (Schrb.) Serra d'Estrella. alp. c. fr.

108. » *longicolla* (Hedw.) Serra d'Estrella. c. fr.

109. » *nutans* (Schrb.) Pico de Arvas in Asturiis. c. fr. Serra
    d'Estrella. c. fr.

110. » *polymorpha* Hppe et Hsch. var. *pachycarpa* Sch. Serra
    d'Estrella. c. fr.

---

1. Le docteur de Venturi, de Trento, a bien voulu étudier les *Ortho-*
trichum rapportés par M. Levier, et lui a communiqué, au sujet des
N\ 75 et 75 *b* (Picos de Europa), les remarques suivantes :

« L'un des deux échantillons des Picos de Europa (1879) correspond
à l'*Orthotrichum anomalum* proprement dit, quoiqu'il présente des
traces évidentes de cils et que la vaginule ait quelques poils, particu-
larité qui n'est point fréquente. Schimper a décrit un *Orthotrichum
saxatile* (non l'espèce de Wilson) qui a les dents bigéminées et entre
les stries nulle trace de stries intermédiaires. L'exemplaire espagnol,
présentant des traces de ces stries intermédiaires, doit être rapporté
à la forme normale.

» Le second échantillon, 75 *b* (autre localité), serait identique au
premier si les pédicelles n'étaient pas beaucoup plus courts que la
capsule avec son col, et si le col lui-même n'était défluent et de longueur presque égale à celle du sporange. Je n'ai jamais vu un col de
cette forme dans l'*Orthotrichum anomalum* qui, à peu d'exceptions
près, a généralement le col très court et presque nul. A part ce détail,

tous les autres caractères du fruit, etc., correspondent à ceux de l'*O. anomalum;* seulement les feuilles sont moins distinctement révolutées sur leurs bords. Il ne me paraît donc pas opportun de créer une espèce nouvelle, d'autant plus que l'échantillon est dépourvu de coiffes; en revanche, je proposerais, pour le N° 75 *b*, le nom d'*Orthotrichum anomalum* var. *Ibericum*, bien facile à distinguer de toutes les autres variétés de cette espèce et n'ayant rien de commun avec les *Orthotrichum cupulatum* et *Sardagnanum*, décié à M. Sardagna, de Trento. »

2. « Ces deux Orthotrichum (Pico de Arvas, 1878, et Sierra de Guadarrama, 1879) ne diffèrent pas spécifiquement. La forme de la capsule est identique; cependant les spores de la mousse du Guadarrama ont une couleur fauve, comme celles de l'*O. anomalum*, qui n'a, du reste, rien de commun avec l'espèce qui nous occupe. Ce qui est digne de remarque, dans les deux Orthotrichum du N° 78, c'est la grandeur des spores qui dépassent $0^{mm},02$, et la texture très singulière de la membrane de la capsule qui présente des stries jaunes, formées par trois ou quatre séries de cellules beaucoup plus larges que les autres; ces stries atteignent un tiers de la longueur de la capsule, avec des traces de stries intercalaires et des rudiments de cils.

» Si l'examen de plus d'une centaine de mousses, appartenant à cette forme et étiquetées des noms les plus divers, ne m'avait montré l'impossibilité de fonder des distinctions spécifiques sur les caractères indiqués, je dirais que vos deux Orthotrichum du N° 78 méritent de constituer une nouvelle espèce. Une seule mousse, décrite par De Notaris, présente des caractères semblables : c'est son *Orthotrichum Shawii* (qui n'a, d'ailleurs, rien de commun avec l'*O. Shawii* des auteurs anglais, bien que De Notaris cite Wilson), synonyme avec l'ancien *O. Franzonianum* DNot. et croissant généralement sur les arbres. Mais les stries de la capsule, dans l'espèce de De Notaris, ne sont pas aussi vivement colorées en jaune que dans la mousse espagnole.

» Je vois que Schimper a appelé votre mousse des Asturies *Orthotrichum Sturmii* et, si la présence des cils était un caractère décisif, il aurait eu raison. Mais je ne le crois pas. Je considère comme plus important le caractère du double stroma foliaire, et, lors même que quelques cellules dupliquées se rencontrent dans les feuilles des deux mousses du N° 78, ces cellules doubles ne sont pas plus nombreuses que je ne les ai vues dans une foule d'échantillons de l'ordinaire *Orthotrichum rupestre*. Les cils sont les uns complets, les autres incomplets dans la même capsule et ne décident donc rien.

» Le pédicelle, dans les deux spécimens espagnols, atteint à peine la longueur de l'ochrea, mais ce caractère également est de peu de valeur. Si, à l'exemple de De Notaris, on voulait instituer des espèces d'après la longueur du pédicelle, on irait à l'infini, car, du plus au moins, on rencontre tous les degrés imaginables.

» Cette section du genre Orthotrichum exigera des études ultérieures. Pour ma part, je suis arrivé à la conviction qu'il est impossible de créer de bonnes espèces parmi ces formes dont quelques-unes seulement présentent des caractères végétatifs bien marqués. Pour les autres, je maintiendrais le nom d'*Orthotrichum rupestre* que j'applique toujours aux formes dont les feuilles sont en majeure partie monostromatiques.

» L'existence de stries jaunes autorise cependant à établir, pour les deux mousses en question, une variété *Iberica*, s'éloignant peu de la variété *alpina* que j'ai décrite dans l'*Hedwigia*. »

DE VENTURI. (Trad. de l'italien.)

3. Dans les déterminations manuscrites de feu le professeur Schimper (lettre du 30 juin 1879 à M. Levier), cette mousse, nouvelle pour l'Europe, figure sous le nom de « *Weisia leptocarpa* Sch. musc. alger., » sans autres détails. L'espèce étant inédite, M. Levier s'était adressé derechef au célèbre et regretté bryologue de Strasbourg, afin d'obtenir de lui des renseignements plus précis sur la station algérienne et, si possible, une description destinée à être insérée dans la présente énumération. Malheureusement Schimper fut enlevé à la science et à ses amis avant d'avoir pu réaliser ce vœu, et ses collections bryologiques passèrent à Kew. L'espèce fut alors soumise à M. Bescherelle qui voulut bien en rédiger la description qui suit :

« *Weisia leptocarpa* Sch. (in litt. 30 jun. 1879). Monoica! cæspitulosa. Caulis breviter fasciculato-ramosus, inferne fuscus vel nigricans, superne intense viridis. Folia laxe torquata, madida erecto-patentia, basi laxe areolata hyalina longe linearia, curvula, apice contorquata obtusiuscule acuta, inferiora ovata obtusa valde breviora, omnia concaviuscula margine anguste revoluta integerrima lævia, costa lata canaliculata infra apicem evanida; cellulis inferioribus rectangularibus, cæteris quadratis grossis chlorophyllosis parietibus conspicuis. Folia perichætialia externa caulinis similia, intima apice rotundata. Flores masculi gemmiformes in ramulis brevissimis terminales. Capsula ovata vel anguste ovato cylindrica, sublævis, annulata. Peristomii dentes lanceolati acuti, raro truncati. Cætera?

» Cintra prope Olissipponem. Dr Levier, aug. 1878.

» Paraît se rapprocher beaucoup du *Weisia Welwitschii* Sch. de la
même localité, mais en diffère au premier abord par les feuilles très
entières et non papilleuses, ainsi que par les feuilles périchétiales obtuses et non subulées. »

Observation. — Plusieurs mousses figurent sur ce catalogue sans
l'indication de la fructification. Les espèces en question (une trentaine
de numéros de 1878) étaient représentés par des échantillons uniques
et sont restées dans l'herbier Schimper, actuellement à Kew, de sorte
qu'elles n'ont pu être contrôlées, quant à la présence ou à l'absence
des capsules, lors de la rédaction de cette note.

MOUSSES RÉCOLTÉES EN 1879.

M. A. Geheeb, de Geisa, a bien voulu examiner, avec le soin
minutieux qu'il apporte à toutes ses recherches bryologiques,
les mousses rapportées d'Espagne par M. Levier en 1879.
M. Geheeb ne s'est pas contenté de déterminer les espèces pré-
dominantes des touffes, ramassées le plus souvent à la hâte et
au milieu de fortes distractions phanérogamiques : il a disséqué
les échantillons et étudié sous le microscope, brin par brin,
toutes les autres espèces qui s'y trouvaient accidentellement
incluses. Il a constaté, de cette façon, la présence de quelques
raretés, telles que *Brachythecium Olympicum*, Jur., qui pour-
ront être retrouvées en meilleur état par les botanistes qui
voudront répéter ces excursions et qui auront plus de temps à
donner à la recherche des mousses. Nous énumérons ici toutes
les espèces déterminées par M. Geheeb, en ne marquant d'un
chiffre que celles non comprises dans le premier catalogue et
en ajoutant les notes manuscrites du savant bryologue de Geisa.
(Lettre du 27 janvier 1881.)

111. *Amblystegium Juratzkanum* Schpr. c. fr. Torre la Vega (prov.
de Santander), sur un mur à côté du relai de la diligence.
« Les cellules allongées, étroites, allant du milieu jusqu'à
la pointe de la feuille (5 à 6 fois plus longue que large), et

la côte plus longue, prolongée jusque dans l'acumen de la feuille, permettent de distinguer sûrement cette espèce de l'*Amblystegium serpens* (L). Je ne sais, dans ce moment, si elle est nouvelle pour l'Espagne, et peut-être se retrouvera-t-elle dans les riches collections que M. J.-J. Puiggari m'a envoyées de Barcelone. Elle n'est point du tout rare et manque dans peu de flores locales. » 8 juillet.

112. *Amblystegium subtile* Hdw. c. fr. Région subalpine des Picos de Europa (prov. de Santander), tapissant le dessous des vieilles racines de chênes. 10 juillet.

113. *Barbula ambigua* Br. et Sch. c. fr. Sur un vieux mur à Venta Ontoria, entre Torre la Vega et Hunquera (prov. de Santander). 8 juillet.

114. *Barbula muralis* Hdw. c. fr. Sur un rocher calcaire près Hunquera (prov. de Santander). 8 juillet.

115. *Barbula subulata* Hdw. ster. mélangée en petite quantité au Bryum cæspiticium d'Aliva, région alpine des Picos de Europa. 13 juillet.

Barbula unguiculata Hdw. Venta Ontoria (prov. de Santander). Brins épars avec Bryum atropurpureum. 8 juillet.

116. *Bartramia pomiformis* L. c. fr. Sierra de Guadarrama, versant nord. Forêt de pins sylvestres, à la descente de Navacerrada, sur les rochers granitiques. 21 juillet.

117. *Brachythecium Olympicum* Jur. c. fr. Mélangé en petite quantité, mais bien reconnaissable et avec plusieurs capsules déoperculées, avec Bartramia pomiformis du N° précédent. « Au premier coup d'œil, on le prendrait pour Brachythecium velutinum, mais le pédoncule est *parfaitement lisse*. La forme des feuilles périchétiales permet également de le distinguer du Brachythecium salicinum. » 21 juillet.

Brachythecium rivulare Br. et Sch. ster. Région alpine des Picos de Europa, autour d'Aliva. 13 juillet.

Bryum alpinum L. c. fr. Sierra de Guadarrama, versant nord; descente de Navacerrada à la Granja (granit). 21 juillet.

Bryum atro-purpureum W. et M. c. fr. Vieux murs à Venta Ontoria, entre Torre la Vega et Hunquera (prov. de Santander). 8 juillet.

118. *Bryum bimum* Schreb. Exemplaires incomplets, avec des capsules déjà tombées et des fleurs hermaphrodites. Région
alpine des Picos de Europa, à Aliva. 13 juillet.

119. *Bryum cæspiticium* L. c. fr. Picos de Europa; région alpine
à Aliva. 13 juillet.

Bryum capillare L. ad var. *meridionale* accedens. c. fr. Murs
d'une cour d'auberge, à Potes (prov. de Santander). 9 juill.

120. *Bryum fallax* Mild. c. fr. Picos de Europa; région alpine au-
dessus d'Aliva. « Espèce nouvelle pour l'Espagne. Les capsules déoperculées, examinées une à une, ne laissent pas
reconnaître de traces de *cils appendiculés*, les feuilles sont
plus courtes et plus larges que dans le Bryum pallens. Les
exemplaires espagnols correspondent donc parfaitement aux
échantillons originaux de Milde, provenant de Zedlitz près
Breslau (legit Dr Sanio) et constituant sans aucun doute une
espèce distincte. » 13 juillet.

Bryum pallescens Schlch. c. fr. Cordillère cantabre; passage de Piedras Linguas, entre Potes et Cerbera (granit).
16 juillet.

Bryum pseudotriquetrum Hdw. c. fr. Picos de Europa, dans
la région alpine à Aliva; petit cours d'eau à côté d'une mine
de zinc. 13 juillet. — Avec le précédent à Piedras Linguas.
16 juillet.

Ceratodon purpureus L. c. fr. Sierra de Guadarrama, mont
Peñalara. 23 juillet.

Dicranoweisia crispula Hdw. c. fr. Rochers au sommet du
mont Peñalara, point culminant de la Sierra de Guadarrama (granit). 23 juillet.

121. *Dicranum longifolium* Hdw. ster. Forêts subalpines des Picos
de Europa (prov. de Santander); sur les troncs de hêtres
avec Pterigynandrum filiforme. 14 juillet.

Dicranum scoparium L. c. fr. Sierra de Guadarrama; versant
nord; descente de Navacerrada à la Granja; forêts de pins
sylvestres. 21 juillet.

122. *Distichium capillaceum* L. c. fr. Fentes de rochers calcaires
au mont Peña Redonda, près Cerbera (Vieille-Castille);
legit Leresche.

Idem. *β. brevifolium* Sch. c. fruct. juven.; intimement mélangé
avec Leptotrichum flexicaule Schwgr., en grosses touffes
sur les rochers calcaires de la région alpine des Picos de
Europa, entre Aliva et Las Grammas (1800 à 2100 mètres).
12 juillet.

123. *Eurhynchium myosuroides* (L.) c. fr. Vieux troncs de châtaigniers, avec Leucobryum glaucum, à Venta Ontoria, entre
Torre la Vega et Hunquera (prov. de Santander). 8 juillet.

Fontinalis antipyretica L. ster. Dans le lac alpin du sommet
de Peñalara, point culminant de la Sierra de Guadarrama,
à côté des neiges fondantes alimentant la lagune. 23 juillet.

Funaria hygrometrica L. c. fr. Vieux murs à Potes (prov. de
Santander). 9 juillet.

Grimmia apocarpa L. typica et forma in var. *gracilem* tran-
siens; c. fr. Région alpine des Picos de Europa, autour
d'Aliva. 13 juillet.

Grimmia fragilis Schpr. c. fr. Fentes des rochers granitiques,
au sommet du mont Peñalara (Sierra de Guadarrama).
« Espèce connue jusqu'ici du Portugal seulement et nouvelle pour l'Espagne. Les échantillons de Peñalara montrent
une coloration d'un vert plus obscur (presque noirâtre) que
ceux de la Serra d'Estrella, et correspondent plus exactement encore que ces derniers à la description de Schimper.
Les petites tiges ne dépassent, en effet, jamais la hauteur
d'un centimètre, tandis que celles de la mousse portugaise
mesurent en moyenne deux centimètres. Les feuilles (surtout celles du bas de la tige) sont courbées en arc (à l'état
humide), avec la pointe presque toujours cassée, ce qui
donne à l'espèce un aspect caractéristique qui ne se retrouve dans aucune autre Grimmia d'Europe. » 23 juillet.

124. *Grimmia leucophœa* Grev. ster. Rochers calcaires de la région
alpine des Picos de Europa, à Aliva (prov. de Santander),
avec Orthotrichum anomalum, var. ibericum Vent. (2000
mètres environ.) 11 juillet.

Grimmia Schulzii Brid. magnifiquement fructifiée et en immenses tapis cohérents sur les rochers granitiques du mont
Peñalara, au-dessus de la Granja; région moyenne, dans la

forêt de pins sylvestres. « Monoïca, foliorum pilum asperrimum. » G. — 22 juillet.

Hedwigia ciliata Dicks. c. fr. Picos de Europa (prov. de Santander), rochers calcaires de la région subalpine. 14 juillet[1].

Homalothecium sericeum (L.) ster. Picos de Europa; région alpine à Aliva (1800 mètres). 13 juillet.

125. *Hypnum chrysophyllum* Brid. Stérile et en petite quantité dans les touffes de Leptotrichum flexicaule aux Picos de Europa; région alpine à Aliva. 11 juillet.

Hypnum cupressiforme L. var. *orthophyllum* Juratzka. « Intéressante et rare variété, non encore décrite, qui se trouve également, toujours stérile, dans les Alpes de Styrie. » Dans les touffes de Hypnum molluscum, tapissant les rochers calcaires au-dessus d'Aliva. Région alpine des Picos de Europa. 13 juillet.

126. *Hypnum falcatum* Brid. ster. Petits cours d'eau de la région montagneuse inférieure des Picos de Europa, entre Camaleño et Puerto de Aliva; avec Philonotis calcarea. 14 juillet.

127. *Hypnum molluscum* H. ster. Rochers moussus de la région alpine des Picos de Europa, à Aliva. 13 juillet.

Idem. Forma ad var. *condensatum* accedens. ster. Dans les touffes de Thuidium delicatulum des forêts subalpines des Picos de Europa. 14 juillet.

128. *Isothecium myurum* (Poll.), ster. avec Hypnum cupressiforme typique et en petits brins, dans les touffes de Pterigynandrum filiforme, recouvrant l'écorce des hêtres de la région subalpine des Picos de Europa. 10 juillet.

Leptodon Smithii Dicks. ster. Sur les chênes-lièges de la région montagneuse moyenne des Picos de Europa. 10 juillet.

Leptotrichum flexicaule Schwgr. Picos de Europa; région alpine autour d'Aliva, sur les rochers calcaires. 11 juillet.

129. *Leskea nervosa* Schwgr. Stérile. Avec Amblystegium subtile sur les troncs et racines de chênes de la région montagneuse des Picos de Europa, au-dessus de Camaleño. (Petits brins bien reconnaissables.)

---

[1] M. Leresche la cueillie sur les rochers granitiques des bois de Peñalara. 23 juillet 1879.

130. *Leucobryum glaucum* L. Stérile. Sur les troncs et dans les bifurcations des grosses branches des châtaigniers à Venta Ontoria, entre Torre la Vega et Hunquera (prov. Santander).

131. *Leucodon sciuroides* L. forma *propagulifera*. Stérile sur les troncs d'arbres de la région montagneuse des Picos de Europa. 10 juillet.

132. *Mnium cuspidatum* Hdw. c. fr. Forêt subalpine des Picos de Europa, en montant de Camaleño à Puerto d'Aliva. (1400^m environ.) 10 juillet.

133. » *hornum* L. ster. Troncs de châtaigniers à Venta Ontoria (prov. de Santander). 8 juillet.

134. » *spinulosum* Br. et Schfr. c. fr. Dans les touffes de Thuidium delicatulum; région boisée, subalpine des Picos de Europa, entre Camaleño et Puerto d'Aliva. 14 juillet.

135. » *stellare* Hdw. ster. Bois de hêtres subalpins des Picos de Europa. 10 juillet.

136. *Myurella julacea* Vill. ster. Mélangé en petite quantité avec le Distichium capillaceum des Picos de Europa; région alpine entre Aliva et Las Grammas. 11 juillet.

Neckera complanata L. ster. Forêts subalpines des Picos de Europa. 10 juillet.

Orthotrichum diaphanum Schrad. c. fr. Vieux arbres des promenades à Ségovie. 22 juillet.

137. *Philonotis calcarea* Br. et Sch. c. fr. Petits cours d'eau du passage de Piedras Linguas, entre Potes et Cerbera. 16 juillet. Formation *granitique*. « Se trouve également dans la région du basalte, en Allemagne, dans de l'eau courante, probablement toujours plus ou moins mélangée d'éléments calcaires. » G. — Stérile dans la région montagneuse des Picos de Europa, au-dessus de Camaleño. 14 juillet.

138. *Plagiothecium piliferum* Sw. c. fr. Forêts subalpines des Picos de Europa. 10 juillet. (M. Renaud a trouvé cette espèce aussi dans les Pyrénées.)

Pogonatum aloïdes Hdw. c. fr. forma *theca subinclinata* (« peut-être var. *defluens*, mais impossible à décider sans la coiffe. » G.) Sierra de Guadarrama, descente de Navacerrada à la Granja, région montagneuse moyenne. 21 juillet.

139. *Pogonatum urnigerum* L. c. fr. Passage de Piedras Linguas, entre Potes et Cerbera. 16 juillet.

140. *Polytrichum commune* L. γ. *humile* Sch. Syn. c. fr. Pâturages alpins du mont Peñalara, Sierra de Guadarrama. 23 juillet.

Polytrichum formosum Hdw. c. fr. Passage de Piedras Linguas, entre Potes et Cerbera. 16 juillet.

Polytrichum piliferum Schrb. c. fr. Région subalpine des Picos de Europa. 14 juillet.

141. *Pseudoleskea atrovirens* Dicks. c. fr. Forêts de la région montagneuse supérieure des Picos de Europa. 10 juillet.

» *catenulata* Brid. c. flor. femineis ! Rochers calcaires de la région alpine des Picos de Europa, à Aliva. 13 juillet.

Pterigynandrum filiforme Timm. c. fr. Troncs de hêtres de la région montagneuse sup. des Picos de Europa. 10 juillet.

Racomitrium patens Dicks. c. fr. Sierra de Guadarrama, versant nord. Sur les blocs granitiques de la région montagneuse, boisée, au-dessus de la Granja. Mont Peñalara. 23 juillet.

142. *Rhynchostegium murale* (H.) c. fr. Quelques brins fructifiés dans les touffes du Pseudoleskea atrovirens. Région montagneuse boisée des Picos de Europa. 10 juillet.

143. *Thuidium delicatulum* (H.) *verum*. ster. Forêts de hêtres subalpines des Picos de Europa, entre Camaleño et Puerto d'Aliva. 14 juillet. « M. Philibert a montré dans la *Revue bryologique* (1880, Nº 6) qu'on peut reconnaître l'espèce de Hedwig, même à l'état stérile, d'après la forme des feuilles caulinaires et à la constitution de la côte. »

Trichostomum crispulum Brch. ε. *elatum* Sch. c. fr. Sur les vieux murs champêtres à côté de la grand' route, entre Venta Ontoria et Hunquera (prov. de Santander). 8 juillet. « Le port de cette mousse reproduit, à s'y méprendre, celui du Trichostomum mutabile Br., mais elle se reconnaît immédiatement, sous le microscope, à ses feuilles repliées en capuchon à leur extrémité. »

ALTITUDES DE DIVERSES LOCALITÉS

L'altitude d'une contrée influe beaucoup sur sa végétation. C'est pourquoi nous ne croyons pas inutile de donner ici une table de l'altitude de quelques-unes des localités que nous avons visitées. N'ayant pas les instruments nécessaires, et nos excursions étant d'ailleurs trop rapides, nous n'en avons déterminé aucune par nous-mêmes. Nous nous bornons à indiquer les sources où nous avons puisé celles que nous avons pu nous procurer. Ces sources sont :

1° Anuario del real observatorio de Madrid. 1861. Pages 181 et 182. Altitudes en mètres au-dessus du niveau de la mer.

2° La carte de l'Espagne et du Portugal, en quatre feuilles, de l'atlas de Stieler, carte publiée à Gotha en 1879. Altitudes indiquées en pieds de Paris. 30 mètres = 92,350 pieds de Paris (de roi.) — Le mètre équivaut à 3 pieds 11 lignes, pied de Paris.

3° The Alpine Journal, publié à Londres, volume VI, année 1874, page 74. Altitudes indiquées en pieds anglais. 30 mètres = 98,453 pieds anglais.

4° La colonne des altitudes métriques étant bien incomplète, M. Levier, par simple calcul arithmétique, a ajouté le chiffre métrique pour plusieurs autres stations. Ils sont indiqués en italiques pour les distinguer de ceux donnés par l'Annuaire de Madrid.

	Mètres.	Pieds de roi ,soit pieds français.	Pieds anglais.
ALMANZOR (Risco d'). Sierra de Gredos	*2600	8190	8694
ALSASUA, à la bifurcation des voies ferrées d'Irun à Vitoria et Pampelune	—	1635	—
ARAPILES, près Salamanque..............	—	2700	—
AVILA, ville, Vieille Castille.............	*1144*	3522	3608
BARCO DE AVILA, ville de la Sierra de Gredos	—	3332	

N. B. Un petit nombre d'altitudes (Almanzor, Estrella, Serrota, Teleno) indiquées en mètres et précédées d'un astérisque sont extraites du Dictionnaire de géographie universelle, de Vivien de Saint-Martin, 14° fascicule (Paris 1880), article Espagne, page 195.

	Mètres.	Pieds de roi, soit pieds français.	Pieds anglais.
Bejar, ville, ouest de la précédente	—	2971	—
Bilbao, ville	—	33	—
Burgos, ville	—	2621	2755
Cintra (Serra de), Nord-Ouest de Lisbonne	488	1502	—
Coimbre, Portugal	—	46	—
Cordel (Pico), au-dessus de la source de l'Ebre, Cantabres	—	6220	—
Cueto Albo, montagne à la source du Sil, Cantabres	—	—	6332
Curavacas (Peña de), Cantabres, au-dessus de Cervera del Re	2502	—	—
Escurial, ville et couvent. Nouv. Castille	—	3480	—
Espiguete (Peña de), Cantabres, N.-O. de Cervera del Re	2433	7493	7982
Estrella (Serra d'), Est de Coimbre	*1995	6134	7526
Francia (Peña), Nord-ouest de Gredos	1734	5339	5698
Granja, ville et palais, Guadarrama	—	3897	—
Gredos (sier. de). Voyez Almanzor, Serrota.	—	—	—
Guadarrama (sierra de). Voyez Peñalara, Puerto de Guadarrama, Navacerrada, etc.	—	—	—
Idiazabal, sur la voie ferrée, entre Irun et Vitoria	—	2026	—
Ildefonse (Saint), autre nom de la Granja.	—	—	—
Leitariegos, village et col des Monts des Asturies	1300	4004	—
Madrid	—	2002	2148
Miranda de Ebro, à la jonction des voies ferrées d'Irun et de Bilbao	—	1380	—
Moncayo, cime des Monts d'Aragon	2346	7228	7696
Navacerrada (Puerto), chaîne du Guadarrama	1778	5475	5833
Navarredonda, village de la Sier. d. Gredos	1584	4877	—

	Mètres.	Pieds de roi, soit pieds français.	Pieds anglais.
ORENSE, ville de la Galice, située au-dessus du Minho............................	—	443	—
OVIEDO, capitale des Asturies............	—	702	—
PEÑA LABRA, cime à l'extrémité supérieure de la vallée de l'Ebre, Cantabres.......	—	6165	6568
PEÑALARA, cime des monts Guadarrama ...	2400	7490	7874
PEÑA-PRIETA, cime des Cantabres (confins de Leon)...............................	2529	7788	8207
PEÑA REDONDA, cime des Cantabres de Léon.	1986	6116	—
PEÑA-VIEJA, chaîne des Picos de Europa, Cantabres..............................	2664	8200	—
PICO CORDEL, nord-ouest de Reinosa......	—	6220	—
PICOS DE EUROPA, chaîne des Cantabres. Voyez Peña-Vieja, Porto d'Aliva, Torre Cambrion...............................	—	—	—
PIEDRAHITA, ville de la Sierra de Gredos ...	1184	3310	—
PONFERRADA, ville de la province de Léon ..	500	1540	—
PUERTO DE ALIVA, chaîne des Picos de Europa.....................................	1700	5236	—
PUERTO DE GUADARRAMA, col au-dessus du village de Guadarrama..................	1527	4700	—
POTES, ville à la base méridionale des Picos de Europa...............................	299	920	—
REDONDA. Voyez Peña Redonda...........	—	—	—
REYNOSA, ville sur la voie ferrée de Santander et sur le cours de l'Ebre........	845	2603	—
SALAMANCA, ville, université. Vieille Castille	—	2485	2459
SAINT ILDEFONSO. Voyez Granja...........	—	—	—
SEGOVIE, ville de la Vieille Castille........	960	2956	3147
SERRO PRIETO. Voyez Penna Prieta........	—	—	—
SERROTA, cime de la Sierra de Gredos, au-dessus du val Ambles.................	*2241	6899	—

	Mètres.	Pieds de roi, soit pieds français.	Pieds anglais.
Siete Picos, cime du Guadarrama........	2203	—	7298
Talavera de la Reina, ville sur le Tage, plus bas que Tolède....................	—	1080	—
Teleno (El), chaîne de montagnes au sud de Ponferrada, province de Léon..........	*1900	5852	6233
Torre la Vega, ville de la pr. de Santander	—	54	—
Torre del Cambrion, cime de la chaîne des Picos de Europa, Cantabres	—	—	8786
Trampal (El), cime de la Sierra de Bejar...	—	—	8023
Valladolid, capitale de la Vieille Castille..	—	2090	2230
Villatoro, village qui termine le val Ambles, vers l'ouest, la route passe un col à	1432	4409	—
Vitoria, ville sur la voie ferrée de Madrid à Irun..........................	—	1535	—

ADDITIONS ET CORRECTIONS

Nous recevons de M. Levier une note supplémentaire sur le *Pimpinella siifolia* Leresche.

« L'ombellifère des Picos de Europa, décrite dans le texte, page 42, et rangée avec doute dans le genre Pimpinella, a pu être mieux étudiée, grâce aux fruits mûrs que M. Boissier en a obtenus par la culture cet été (1880). L'analyse microscopique du méricarpe a essentiellement confirmé la première détermination de M. Leresche et la phrase diagnostique peut être complétée actuellement comme suit :

» Fructus oblongo-ovatus, a latere compressus, stylopodiis depresse conicis, stylis demum horizontaliter deflexis. Mericarpium in sectione transversali latiuscule pentagonium, jugis quinis æqualibus valde prominentibus, lateralibus marginantibus. Vallecullæ dorsales et laterales plerumque 5 (raro 4) vittatæ, anterior (commissuralis) 6 vittata. Albumen antice læviter concavum (in fructu siccitate corrugato profundius concavum). Carpophorum bifidum.

» Les affinités naturelles de l'espèce des Picos, la forme allongée et la grandeur relative du fruit, les côtes élevées et traversées par un gros faisceau fibro-vasculaire, la rapprocheraient plutôt des *Carum*, dont elle s'éloigne cependant par ses bandelettes nombreuses. L'excavation très sensible de l'albumen, sur sa face comissurale, excavation marquée surtout dans les coupes pratiquées sur le méricarpe sec et contracté, perd beaucoup de sa profondeur lorsque les sections horizontales sont prises du fruit préalablement bouilli, et, dans cet état, représenté par la figure E (planche IX), il ne peut plus être question d'albumen *sulcatum*, mais l'albumen est *læviter concavum*, tel qu'il existe dans bon nombre d'Amminées. Nous avons cru bien faire en reproduisant l'un à côté de l'autre, dans les figures D et E, les aspects si différents de l'albumen, selon qu'il est pris d'un méricarpe sec (D) ou préalablement soumis à l'ébullition (E), la question du genre et même de la sous-tribu, pour qui voudra nous contrôler, pouvant en grande partie dépendre de ce petit détail de préparation. En suivant l'arrangement générique de Hooker et Bentham (gen. pl. pag. 862 et 867), notre plante vient donc se ranger dans la sous-section † † des Euamminées : Vittæ ∞ nunc vix conspicuæ v. o., comprenant 6 genres, parmi lesquels Pimpinella seul correspond pour tous les caractères principaux, sauf celui de l'élévation et de l'épaisseur plus grande des *juga*.

M. Boissier, à l'avis autorisé duquel nous ne pouvions nous dispenser de soumettre nos derniers doutes, nous écrit à ce sujet : « Après » tout, je trouve que vous pouvez bien laisser votre plante dans le » genre Pimpinella. D'abord c'est un fait déjà accompli que ce classe- » ment, puis il y a le nombre plus considérable des *vittæ* qui l'éloigne » des Carum. (Ce n'est pas que j'attache à ce dernier caractère une » importance plus considérable qu'il ne mérite, à mon sens du moins.) » D'autre part la forme plus allongée du fruit et l'élévation des juga, » très *corticosa* dans notre plante sont des caractères un peu anor- » maux pour une Pimpinella. Malgré cela, elle figurera très bien dans » ce genre. Tirons de tout ceci la moralité que *Carum* et *Pimpinella,* » comme tant d'autres genres dans les Ombellifères (et ailleurs !) ne » sont pas bien définis; la nature elle-même s'y oppose en s'amusant » à jeter des ponts qui nous brouillent l'entendement et ébranlent nos » petits systèmes. Prenons-en notre parti et faisons pour le mieux. »

» Ajoutons, continue M. Levier, à ces caractères anormaux l'exiguïté des fleurs, d'un garance vif dans notre espèce, quand elle est à demi passée, exiguïté imparfaitement rendue dans la planche N° I, la forme de ses feuilles inférieures, reproduisant d'une manière remarquable celle des feuilles du Sison Amomum (petits échantillons), plutôt que celle des feuilles du Pimpinella magna ou du Berula (Sium) angusti-folia et nous conclurons, avec M. Boissier, que l'ombellifère des Picos de Europa occupera une place à part dans la série des Pimpinella, auxquelles nous la réunissons, faute de mieux et avec un reste d'hési-tation, les différences signalées ne nous paraissant décidément pas suf-fisantes pour justifier la création d'un genre nouveau.

» Levier »

Nous avons mentionné (pag. 54) « une forme curieuse d'Hutchinsia alpina R. Br., var. gracilis. Nobis. » C'est la plante que M. Willkomm avait déjà décrite sous le nom de Hutchinsia Auerswaldii Willk. Sert. pag. 14, N° 91 et pl. Hisp. exs. 1850, N° 148. Elle est reproduite dans sa

Flor. Hisp. 3, pag. 780, sous le nom de *Noccœa Auerswaldii* Willk. La plante est cespiteuse. Des rosettes radicales partent des tiges grêles, dressées, flexueuses, de la hauteur du doigt et plus, portant plusieurs feuilles avant la grappe fructifère. Tout le feuillage est plus fin que celui de l'Hutchinsia alpina, à laquelle elle ressemble. La description de M. Willkomm à laquelle nous renvoyons est exacte, mais dans nos échantillons la racine est plus grêle et ne peut pas être dite « rhizomate.... *lignescente.* »

Dans l'excursion du même jour, nous avons mentionné (pag. 53) une Matthiola sans désignation de l'espèce. Dans cette localité c'est la *Matthiola varia* DC. Les échantillons qui en proviennent ont ordinairement une forte souche émettant de 3 à 5 tiges qui, à partir des feuilles radicales, sont nues et indivises, elles se terminent par 3 à 7 fleurs d'un beau rose violacé dans leur fraîcheur, couleur qui s'altère rapidement.

Les calices sont sessiles dépassés par les onglets. Les pétales ondulés sont quelquefois échancrés au sommet. Les feuilles, nombreuses à la base des tiges, sont rarement entières ; le plus souvent elles portent dans le milieu de leur longueur quatre dents très prononcées disposées alternativement sur l'un et l'autre flanc. Ce dernier caractère ne concorde pas avec les descriptions de DC. Syst, 2 pag. 171 et Prod. 1, pag. 134. et Gaud. fl. Helv. 4, pag 333, qui disent « foliis integerrimis, » affirmation trop absolue même pour la plante du Valais, dans laquelle on surprend parfois des feuilles paucidentées. Boissier (voy. Esp. pag. 22) et Willkomm (fl. Hisp. 3, pag. 811) disent « *foliis integris dentatisve,* » ce qui est mieux dans le vrai.

En revanche, la plante que nous avons rencontrée dans le bas de la montée de Potes aux Picos (voy. pag. 41) est bien la *Matthiola tristis* R. Br. Je pense qu'il en est de même de celle que M. Levier a cueillie à Venta de Baños (voy. pag. 17); toutefois je ne l'ai pas vue. (Leresche.)

Note sur la Draba Dedeana, Boissier.

La détermination de cette plante est maintenant compliquée par la publication récente de deux autres espèces très voisines qui n'en sont peut-être pas suffisamment distinctes. Nous avons déjà dit un mot de la Draba Dedeana Boiss. et Reut., à propos de la Draba Mawii Hooker fils, qui en est synonyme. (Voy. pag. 14 et 15.)

M. Willkomm trouva en 1850 à la Peña Gorveya (confins de la Biscaye et de l'Alava, altitude 4733, p. s. m.) une Draba à fleurs d'un jaune plus pâle que celles de la Draba aïzoïdes, qu'il désigna dans son sertulum, pag. 11, N° 77, sous le nom de Draba Cantabrica Willk., nom adopté ensuite par Amo. Mais plus tard M. Willkomm, dans sa Flora hispanica, vol. 3, pag. 838 et 839 (livraison de 1880), décrit la Draba Dedeana et une Draba Zapaterii, Willk. qui lui est très semblable. A la Dedeana, telle qu'il la comprend, il rapporte sa *Cantabrica*, et lui attribue « *flores pallidiores siliculæ majores et latiores... ceterum habitus omnino præcedentis.* » (Cette précédente est la Draba aizoïdes L.) A la Zapaterii, il attribue comme patrie les monts d'Albarracin (Aragon sud-occidental), croissant à l'altitude de 3600, puis, comparée aux Draba Dedeana et Draba Hispanica Boiss., il dit de la Zapaterii « *petalis semper niveis distinctissima.* »

Dans la première livraison (1881) de ses *Illustrationes Floræ Hispaniæ*, etc., M. Willkomm maintient la distinction des Draba Dedeana et Draba Zapaterii, dont il donne les figures dans sa planche VIII A Dedeana et B Zapaterii, et la description de chacune d'elles dans les pages 9 et 10, descriptions conformes à celles de sa flore d'Espagne. Or selon nous la Draba Dedeana de M. Willkomm, avec ses pétales jaunes et ses stigmates sessiles, n'est pas celle de M. Boissier qui a les pétales blancs et les stigmates portés sur un style court en forme de colonne, caractères qui sont exactement ceux de la Draba Zapaterii Willk. D'où vient cette transposition ? Il faut le reconnaître, cela vient du désaccord qui existe entre l'herbier de M. Boissier et la description qu'il donne de sa plante, désaccord sur un seul point, *pétales dits jaunes*, tandis que l'herbier les a décidément blancs, à l'exception de quelques fleurs, d'un jaune terne dû à l'âge déjà ancien de plus de quarante ans, ou peut-être à l'effet de la sublimation. Nous admettons deux espèces bien voisines, dont nous établissons la synonymie et les localités comme suit :

1° *Draba Dedeana*, Boiss. et Reut. (*Voy. Esp. Addit.* pag. 718.) Synonymes Draba Mavii, Hook. fils Bot. Mag. planche 6186. Draba Zapaterii, Willk. fl. Hisp. 3, pag. 839 et *Illustrationes Hisp.*, pag. 9, pl. VIII, fig. B. Patrie : Monts de Pampelune (Dedé), Pico Cordel près Reynosa (Boissier et Reuter), monts qui terminent au nord-ouest la vallée de l'Ebre (Leresche), monts d'Aliva, Picos de Europa (Boissier, Leresche, Levier), Pancorbo, prov. de Burgos (Maw), monts d'Albarracin, Aragon sud-occidental, à l'altitude de 3600 p. s. m. (Zapater.)

2° *Draba Cantabrica* Willk. Sert, pag. 11, N° 77 et pl. Hisp. exs. 1850, N° 167, synonymes. Draba Dedeana (non Boissier et Reut) Willk. fl. Hisp. 3, pag. 378 et *Illustr. Hisp.*, pag. 9 tab. VIII, fig. A. Patrie : Peña Gorveya, à l'altitude de 3500-4000 p. s. m. (Willkomm.)

Note sur les Pedicularis Pyrenaïca Gay
et Pedicularis mixta Grenier

Nous estimons que c'est à tort qu'on a réuni ces deux plantes en une seule espèce. La mixta comme var. β (?) de la Pedicularis Pyrenaïca Gay. (Voy. Grenier et Godron, Fl. Fr. 2, pag. 617, et Lange in willk. et Lge, Fl. Hisp. 2, pag. 611.) Il est vrai que ces auteurs ont eu le soupçon qu'il s'agit ici de plus qu'une simple variété, puisque après le β qui exprime la variété, ils ont ajouté le (?) qui exprime le doute.

Voici les principales différences entre ces deux espèces.

1° Dans la direction des tiges qui sont ascendantes à la base et plus ou moins arquées de là jusqu'au sommet dans la Pedicularis Pyrenaïca Gay, tandis qu'elles sont coudées à la base et se relèvent de suite et deviennent strictes de là jusqu'au sommet dans la Pedicularis mixta Grenier.

2° La disposition des fleurs réunies sous forme de corymbe ou de capitule au sommet des tiges jusqu'au nombre de huit, plus souvent moins, rarement davantage dans la P. Pyrenaïca; tandis qu'elles sont disposées en un long épi qui occupe la moitié supérieure de la tige et compte de 15 à 20 et quelquefois une trentaine de fleurs dans la mixta.

3° La grandeur et la forme de la corolle d'un tiers plus petite, avec la lèvre supérieure plus fortement arcuato oncinée et le bec plus pointu, la couleur plus foncée dans la mixta que dans la Pyrenaïca.

4° Tout l'épi floral est, dans la mixta, recouvert d'un indument laineux vaguement répandu sur les feuilles florales, les pédicelles, les calices, et la portion de la tige à laquelle adhèrent les fleurs. La Pyrenaïca est glabre, sauf quelques poils à la base des feuilles, d'où partent des lignes pubescentes qui descendent le long de la tige.

Le nom de P. mixta pourrait faire croire à une hybridité qui n'existe pas. A supposer qu'on voulût prendre la P. Pyrenaïca pour un des parents, on ne saurait où prendre l'autre. Ces deux plantes ne croissent pas ensemble. Outre l'extrémité supérieure de la vallée de l'Ebre où j'ai cueilli la mixta et Curavacas d'où M. Boissier l'a rapportée, nous l'avons récoltée, MM. Boissier, Reuter et moi (plus belle que nulle part ailleurs) dans les prairies alpines de Formigal au-dessus de Sallent, Pyrénées de Panticosa, un peu au-dessous de la frontière de France, le 28 juin 1870, dans des pâturages humides. (Leresche.)

Note sur des Armeria.

L'Espagne abonde en Armeria. Qu'on aille dans le nord ou dans le sud, dans l'est ou dans l'ouest, en région calcaire ou en région granitique, on est sûr d'en rencontrer jusqu'à de grandes altitudes. Nous avons mentionné (pag. 30 et 72) une *Armeria Castellana Boissier et Reuter.* Cette espèce n'est pas décrite, que nous sachions. Elle fut récoltée pour la première fois aux environs de Cervera par MM. Boissier et Reuter, dans le voyage qu'ils firent en juillet 1858. Ils m'en communiquèrent un ou deux échantillons étiquetés de la main de M. Reuter sous le nom précité. Je les conserve dans mon herbier. Je retrouvai la même plante dans les environs de Monastero, quelques lieues au sud-est de Cervera, le 30 juillet 1862. M. Reuter, qui vit mes échantillons, les reconnut immédiatement pour son Armeria Castellana. Je n'ai trouvé ce nom dans aucune des publications de MM. Boissier et Reuter et de M. Willkomm. Ce dernier mentionne bien dans sa *Fl. Hisp.*, 2, pag. 366, l'Armeria Cantabrica, Boiss. et Reuter, récoltée à Peña Redonda dans le même voyage que fut récoltée l'Armeria Castellana par M. Reuter. M. Willkomm n'a-t-il pas vu ou pas reçu d'échantillons de la Castellana ? Ou bien a-t-il jugé qu'elle devait être rapportée à quelque autre espèce voisine, par exemple à l'Armeria plantaginea, Willdn. ? Quoi qu'il en soit, voici quelques-uns des caractères de cette plante.

Armeria Castellana, Boiss. et Reut , souche forte multicaule descendant verticalement, feuilles linéaires lancéolées, glabres, dures et coriaces, entières, lucides sur les bords presque âpres, ordinairement à cinq nervures (rarement trois ou sept), très prononcées sur le dos de la feuille, qui est élargie dans sa moitié supérieure, atténuée dans sa moitié inférieure, brièvement acuminée au sommet. Ayant de trois à huit centimètres de longueur et jusqu'à un centimètre de largeur. Les scapes sont glabres un peu âpres, variant de deux à cinq décimètres de hauteur. Les gaines qui partent de la base du capitule et enserrent le sommet de la hampe sont glabres, très brièvement divisées à leur extrémité. Les écailles involucrales sont glabres, jaunâtres ou d'un brun pâle, les extérieures largement ovales, acuminées, plus ou moins scarieuses sur les bords ; les intérieures plus larges que longues, l'acumen très court, dépassé et comme noyé par la bordure scarieuse. Le calice côtelé dans sa moitié inférieure qui égale en longueur le pédicelle ; celui-ci est glabre. Les côtes du calice légèrement velues.

La partie supérieure du calice est finement scarieuse, très blanche;
les cinq dents du calice de même nature, acuminées linéaires, dépassent les écailles involucrales. Les corolles roses.

Cette espèce est voisine de l'Armeria plantaginea, Willd., et de l'Armeria buplevroïdes, G. G., fl. Fr. 2, pag. 736. Elle diffère de l'une et de
l'autre par ses feuilles sensiblement plus larges et proportionnellement
moins longues, par des écailles involucrales plus larges et plus cour-
tement acuminées, par les côtes du calice moins velues.

Patrie: Environs de Cervera (Reuter, Leresche). Monastero (Leresche).
Fleurit en juillet.

Les environs de Cervera ont encore d'autres Armeria que je n'ai pas
cueillies et dont les affinités ne me sont pas suffisamment claires. Une
récoltée par M. Levier, un peu au-dessous et au nord du col que traverse la route de Cervera à Potes. Une autre, récoltée par M. Boissier,
entre Cervera et Curavacas. M. Reuter a cueilli à Peña Redonda, ouest
de Cervera, en juillet 1858, l'Armeria cantabrica, Boiss. et Reuter. C'est
de là que viennent les échantillons qui ont servi de type à la description de cette espèce (Leresche).

Note sur la *Linaria origanifolia*.

Cette espèce indiquée dans les gorges de la Deba, pag. 37, dans les
montagnes d'Aliva, chaîne des Picos de Europa, pag. 60, à Peña Redonda, au-dessus de Cervera, pag. 69, et dans la traversée de Salas à
Cangas de Tineo, dans les Asturies, pag. 78, doit être rapportée à la
Linaria crassifolia, Kunze. (Antirrhinum crassifolium, Cav., Chænor-
rhinum crassifolium. Lange, fl., Hisp., 2, pag. 379.)

Note sur des *Saxifraga*.

Le Saxifraga mentionné sous le nom de *S. Cantabrica*, pag. 30, est la
variété α gemmifera, Ser. in DC., prodr. 4, pag. 31, du Saxifraga hypnoïdes, L. Willk. et Lge, fl. Hisp., 3, pag. 114. Exactement le même que
celui que Bourgeau a cueilli dans la Sierra de Tormantos (extrémité
occidentale de la Sierra de Gredos), au-dessus de Gerte, le 7 juin 1863,
et que celui qu'il a cueilli dans les rochers aux environs de Braña de
Arriba dans les Asturies, le 18 juin 1864. Voyez aussi Engler Gattung
Saxifraga, pag. 169.

A quelle plante faut-il appliquer le nom de *Saxifraga Willkommiana, Boiss.?* Cette question n'est pas sans difficultés. C'est une espèce

inédite de M. Boissier. Cela étant, il faut s'en rapporter à son herbier ou aux échantillons qu'il peut avoir communiqué sous ce nom. Il m'a communiqué un échantillon de son S. Willkommiana, récolté par lui-même, en juillet 1858, dans sa première herborisation à Curavacas, au-dessus de Cervera. Cette plante est la même que celle que j'ai récoltée sur les cimes de Montcayo en Aragon, le 11 juillet 1870, et que M. Boissier a déterminée pour être son Saxifraga Willkommiana. J'avais déjà récolté la même sur les cimes de Navacerrada, le 8 juillet 1862. Et encore la même quelques années plus tard, le 23 juillet 1879, sur les rochers de Pennalara. Il me paraît probable que c'est la plante à laquelle l'auteur de la *Flore d'Espagne* applique le nom de S. penta-dactylis, Lapeyr. Voyez Willk., *Fl. Hisp.*, 3, pag. 112. Sa description convient à la plante des localités susdites. Déjà, en 1850, il avait ré-pandu cette espèce sous le nom de Saxifraga exarata β nervosa. Vingt ans plus tard, Engler, auteur d'une monographie des Saxifrages, ra-mène cette même espèce au Saxifraga exarata Villars comme variété nervosa, Lapeyr. Voyez Engler Gattung Sax. 180.

Mais M. Willkomm applique le nom de S. Willkommiana, à deux autres plantes; l'une du midi de l'Espagne *var. β leptophylla du Saxi-fraga Camposii Boiss., Reut.*, vide Willk. *Fl. Hisp.*, pag. 112-113. Or ce S. Camposii est une plante toute différente du S. Wilkommiana, Boiss. L'autre, du nord de l'Espagne, récoltée par Bourgeau, à Pico de las Corvas pr. Convento de Arvas. Cette dernière est le Saxifraga cana-liculata Boiss. et Reut. aussi bien différent du Saxifraga Willkommiana, Boissier.

Ce canaliculata fut récolté pour la première fois par M. Reuter à la Peña Redonda, près de Cervera, le 17 juillet 1858, dans un voyage fait avec M. Boissier. C'est une très belle espèce, d'entre les plus distinctes du genre, peu connue et mal à propos confondue avec d'autres bien différentes. Ce qui nous a engagé à en donner une figure (voy. pl. III), et la description suivante, dans le but d'éviter, si possible, toute confu-sion ultérieure.

Saxifraga canaliculata, Boissier et Reuter, herb. Sect. Dactyloïdes. Planta valde lateque cæspitosa, glabra viscosa carnosula. Candicibus angulosis numerosis elongatis a basi dense, foliosis. Foliis recentiori-bus intense virentibus nitidis in apice ramulorum rosulatis, vetustis annorum precedentium exsiccatis nervosis bruneis et tandem nigre-scentibus, in petiolum limbo longiorem interne involute canaliculatum anguste attenuatis. Limbo ad basin usque profunde trifido. Lobis linea-ribus apice acutis, duobus lateralibus plerumque bifidis. Foliis caulinis decrescentibus, summis linearibus indivisis. Floribus magnis albis immaculatis corymbosis pedicellatis. Petalis obovato elongatis obtusis, calice duplo longioribus. Staminibus inclusis, antheris luteolis. Dentibus calicis sublinearibus acutis. Voy. aussi Engler Gattung Saxifraga, pag. 169.

Patria.: In montibus Cantabricis, rupibus calcareis circit.; alt. 4000-7000 p. s. m. a Reynosa (Leresche) ad Pico de las Corvas prope Combento de Arvas, prov. Legion. (Bourgeau) [1] et a Peña Redonda prope Cervera (Reuter, Boissier, Leresche, Levier) ad Picos de Europa (ab iisdem inventa). Floret Julio.

Le *Saxifraga Camposii*. Boiss. et Reut. *Pugill*, pag. 47 (1852), originaire de la Sierra de Loja, province de Grenade, est une espèce de la même section que la précédente, mais bien distincte, plus petite, à gazons moins étendus, à feuilles dont les lobes sont fort courts, confluants en un limbe cunéiforme qui se continue à la base en pétiole court et élargi, tiges florifères beaucoup plus courtes.

Le *Saxifraga trifurcata*, Schrad (Sax. ceratophylla, Dryand.), qui croit à Oviedo, ressemble aussi un peu au Sax. canaliculata, Boiss. et Reut., mais il a les fleurs un peu plus grandes disposées en panicule lâche et non en corymbe. Le limbe des feuilles radicales deux fois trilobé, les lobes terminaux divergents, etc.

Note sur une Nepeta.

Herborisant avec M. Levier dans la forêt d'Hoyoquesero (Sierra de Gredos), le 16 août 1878, nous trouvâmes la végétation trop avancée et plusieurs espèces réduites à l'état de balais desséchés. Je récoltai les semences d'une Nepeta. Semée dans mon jardin à Rolle (Suisse), j'ai obtenu la *Nepeta latifolia*. D. C. — Willk. et Lge fl. Hisp. 3, pag. 433.

Note sur le lac supérieur de la Serra Estrella[2].

La situation de ce lac à l'est de la cime de la Serra Estrella est mentionnée par Brotero dans sa *Phytographia lusitanica*, tome II (1827), pag. 71. C'est là qu'il indique le rare Teucrium salviastrum dont il dit : « Habitat in summis Herminii jugis ad ortum, præsertim circa Lacum

[1] Qui l'a récolté là le 10 juillet 1864 et distribué sous le faux nom de Saxifraga Willkommiana, Boiss., espèce bien différente.

[2] Voyez page 97, ligne 21.

do Penhao, qui sic ob rupes (vulgo *Penhas*) ei vicinas a pastoribus Herminiensibus, ut ex ipsis audivi, appellari solet. »

Hoffmansegg, dans sa flore de Portugal, pag. 85, indique la même plante, « dans la région des neiges, aux sommets les plus élevés de la chaîne de montagne *Serra d'Estrella*, vers l'orient, surtout autour du lac *Lagoa de Paixao*, où ce joli sous-arbuste fait un des principaux ornements de l'arrière saison, garnissant les pentes rocailleuses qui alors sont communément déjà assez dépourvues de verdure. Floraison en juillet et août. »

Puis il ajoute en note : « Brotero speciem paucis tantum verbis indicat, et lacum ex annalibus sacris regionis clarum in Lagoa de Penhao mutat ; hinc dubitare licet an ipse plantam invenerit. »

ERRATA

Page 13, ligne 25, au lieu de Anthylla, *lisez* Anthyllis.

» 27, » 29, » Trichetta, » Trichaeta.

» 33, » 32, » litoralis, » littoralis.

» 36, » 25, » Gouau, » Gouan.

» 22, » 24, » Grælls, » Graëlls[1].

» 63, » 32, » Orobas, » Orobus.

» 66, » 8, Brassica, ajoutez le nom setigera J. Gay.

» 69, » 16, polygonoïdes DC, » serpyllifolia DC.

» 84, » 8, au lieu de hypnoïdes et gemmifera, *lisez* hypnoïdes var. gemmifera.

» 98, » 13, au lieu de Purlat, *lisez* Parlat.

» 110, » 16, » Naval Paral, » Naval Peral.

» 113, » 10, » Sommellie, » Sommelier.

» 124, » 10, » depresa, » depressa.

» 131, » 13, » aquilregifolium, » aquilegifolium.

» 55, » 15, » filifolia, » filicaulis.

[1] Ce nom se prononce en deux syllabes ; même observation pour les pages 56, 57.

EXPLICATION DES PLANCHES

PLANCHE I

Pimpinella siifolia. Leresche.

A. Fleur grossie vue par dessus, montrant le bord des pétales infléchi en dedans.
B. Fleur grossie vue par dessous.
C. Ombellule en commencement de fruits, jeunes styles et involucelle.
D. Jeune fruit avant maturité, vu de flanc.
E. Coupe transversale du fruit avant maturité.

La figure principale représente un petit échantillon demi grandeur naturelle, à feuilles caulinaires non dentées sur le bord des lobes. Cette forme de feuilles caulinaires n'est pas constante dans l'espèce. Il arrive tout aussi souvent, surtout dans les grands échantillons, que les feuilles caulinaires (tout en diminuant de grandeur) restent dentées sur les bords. Ce sont des différences accidentelles, qui ne constituent pas même des variétés.

PLANCHE II

Saxifraga conifera. Cosson.

A. Feuille grossie araneoso-ciliée, d'entre celles qui s'agglomèrent dans le courant de l'été en cônes terminaux serrés, cotonneux et blanchâtres.
B. Une des feuilles vernales brièvement ciliée, éparses le long des rameaux, avant qu'elles s'agglomèrent en cônes.
C. Semence grossie, ovale, à surface granuleuse.
D. Jeune plantule vernale provenant du développement d'un cône.

La figure principale représente la plante de grandeur naturelle, sur la fin de sa floraison, avec quelques dernières fleurs et les capsules centrales en voie de maturation.

PLANCHE III

Saxifraga canaliculata. Bossier et Reuter.

A. Panicule en commencement de fructification.

B. Calice fructifère un peu grossi montrant les étamines qui ont perdu leurs anthères et l'ovaire avec ses deux styles divariqués dépassant les filaments.

C. Semence grossie.

D. Feuille inférieure grossie, montrant sa face interne, atténuée en pétiole canaliculé.

E. Feuille caulinaire grossie.

La figure principale représente la plante un peu plus que demi-grandeur naturelle. La base qui se prolonge en abondance de feuilles mortes brunes ou noircies manque. Sur les flancs le vaste coussin de feuillage et les tiges fleuries sont élaguées.

PLANCHE IV

Genista Carpetana. Leresche.

A. L'étendard de la corolle, grossi, entièrement glabre.

B. Le calice, grossi, à cinq dents en deux lèvres légèrement pubescent en dehors.

C. Un rameau chargé de ses légumes qui sont glabrescents, à peu près de grandeur naturelle, mais pas tout à fait assez comprimés dans la figure.

D. Semence grossie.

E. Portion de rameau grossie, portant une épine latérale avec deux stipules spinuleuses à sa base.

F. Feuille grossie.

La figure principale représente une portion de la plante à peu près de grandeur naturelle, redressée, tandis que dans la nature la plante est couchée sur le sol.

Cette plante a été publiée dans les *Diagnoses plantarum Peninsulæ Ibericæ novarum*. Lange, Hauniæ 1878, page 18.

PLANCHE V

Anemone Pavoniana. Boissier. (Herb.)

A. Fleur de grandeur naturelle vue par dessous.

B. Appendice floral pétaloïde, anormal, quoique assez fréquent, ressemblant à un pétale déplacé qui serait descendu sur la tige.

C. Disque floral grossi, portant un pétale et les étamines enlevées sur le devant pour laisser voir les carpelles, recouverts d'un indument laineux et surmontés de leur style.

D. Carpelle grossi, recouvert de son indument laineux.

E. F. Carpelles grossis et ouverts par une tranche longitudinale.

G. Ovule.

La figure principale représente la plante de grandeur naturelle, biflore comme cela lui arrive souvent. (Elle est tout aussi souvent uniflore, rarement triflore.) Le rameau principal porte un capitule en commencement de fructification. Le rameau latéral est en fleur, il part de la collerette et porte lui-même une collerette secondaire plus petite.

PLANCHE VI

Aquilegia discolor. Levier et Leresche.

A. Fleur grossie dont on a enlevé devant le calice et deux des cinq divisions de
   la corolle pour laisser voir derrière à l'intérieur les ovaires surmontés de
   leur style terminé en corbin et entourés des étamines.
B. Latéralement, pétale prolongé en éperon.
C. Sépale.
D. Etamine stérile, soit filament élargi situé entre les ovaires et les étamines fer-
   tiles.
La figure principale représente la plante de grandeur naturelle.

PLANCHE VII

Campanula acutangula. Leresche et Levier.

A. Petite rosette de feuilles radicales.
B. Style saillant hors de la fleur portant un stigmate subcylindrique légèrement
   trilobé à son sommet.
C. Une étamine et son anthère.
D. Calice avec son ouverture latérale seminifère.
F. Jeune commencement de tige avec feuilles aiguës.
La figure principale représente la plante de grandeur naturelle ou un peu plus,
les tiges trop dressées, dans la nature elles sont couchées, la racine est représentée
un peu trop forte.

PLANCHE VIII

Campanula adsurgens. Levier et Leresche.

A. A l'arrière plan de la figure. Portion supérieure de tige d'un grand échantillon
   exprimant la différence de ramification de la panicule florale. Grandeur na-
   turelle.
B. Rosette de feuilles radicales, aussi grandeur naturelle.
C. Style saillant hors de la corolle, grossi, terminé par le stigmate trilobé.
D. Capsule grossie, émettant ses semences par ouverture latérale.
E. Semence grossie.
F. Semence répandue au dehors. Grandeur naturelle.
La figure principale représente un petit échantillon de la plante. Grandeur natu-
relle. Les fleurs sont un peu plus petites que dans la nature.

PLANCHE IX

Fruit de la Pimpinella siifolia. Leresche.

A. Méricarpe, grandeur naturelle.

B. Méricarpe grossi, vu de dos, adhérent au Carpophore bifide.

C. Fruit sec, grossi, vu de côté, avec ses stylopodes bas et ses styles défléchis.

D. Section transversale grossie du méricarpe, faite sur le sec. La face commissurale (antérieure) de l'albumen est profondément excavée, les faces latérales et dorsales contractées et ondulées. Le péricarpe, entièrement desséché et contracté, est soulevé en bosselures par les canaux résinifères, ce qui donne aux vallécules du fruit entier, vu à la loupe, un aspect finement cannelé, reproduit dans la figure C.

E. Coupe pratiquée sur le fruit préalablement bouilli, à un grossissement plus fort. Section horizontale d'un méricarpe légèrement courbé et développé asymétriquement par l'avortement partiel de l'autre méricarpe. L'excavation de la face commissurale de l'albumen s'est atténuée, l'aspect ondulé des faces latérales et dorsales la disparu. La vallécule latérale, à gauche du dessin, est plus développée que la vallécule opposée à droite, et montre, vers son milieu, un rudiment de côté secondaire; il y a cinq bandelettes, ainsi que dans les vallécules dorsales, tandis que la vallécule latérale de droite n'en a que quatre. Le tissu cellulaire du péricarpe s'est gonflé sous l'influence de l'humidité et les faisseaux fibro-vasculaires, dans l'intérieur des juga, ont repris leur forme arrondie.

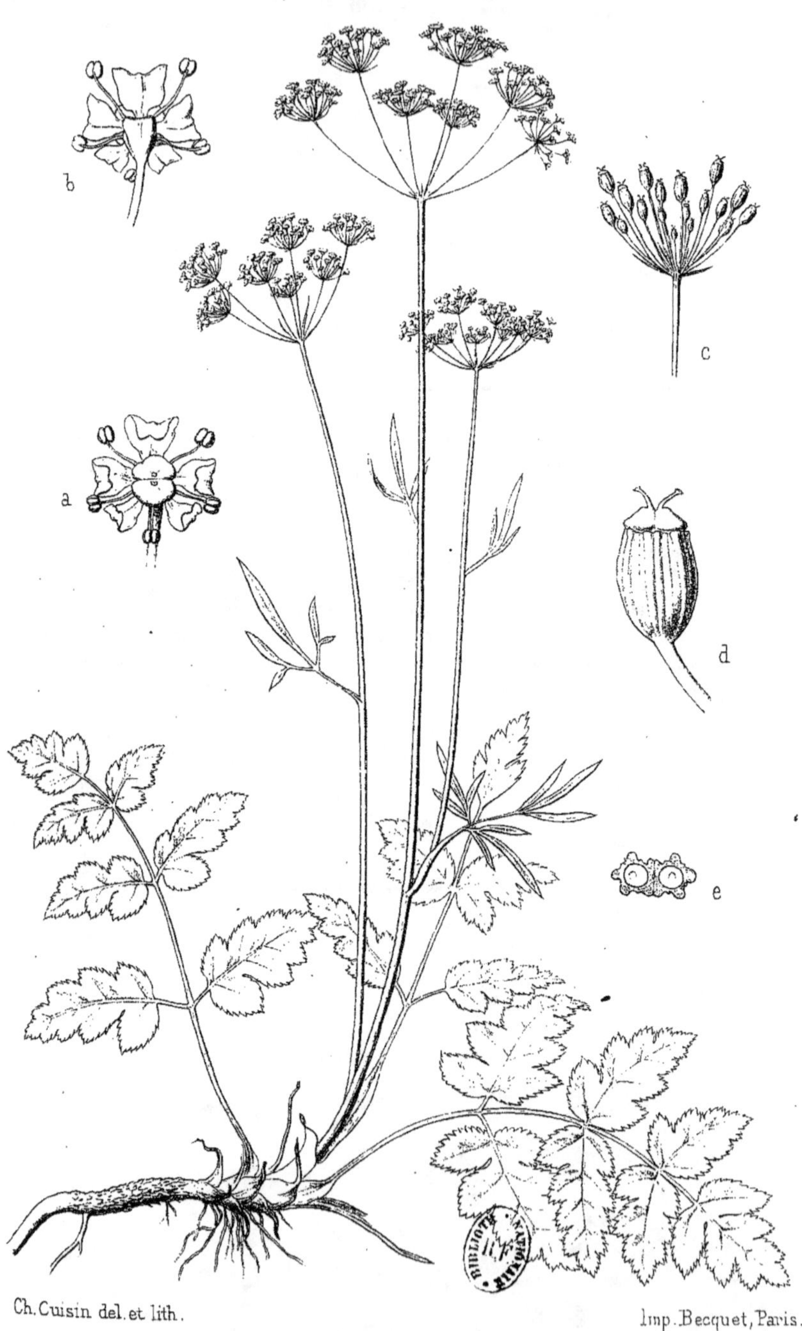

Pimpinella siifolia. Leresche.

Ch. Cuisin del. et lith.

Imp. Becquet, Paris.

Saxifraga conifera. Cosson et Dur.

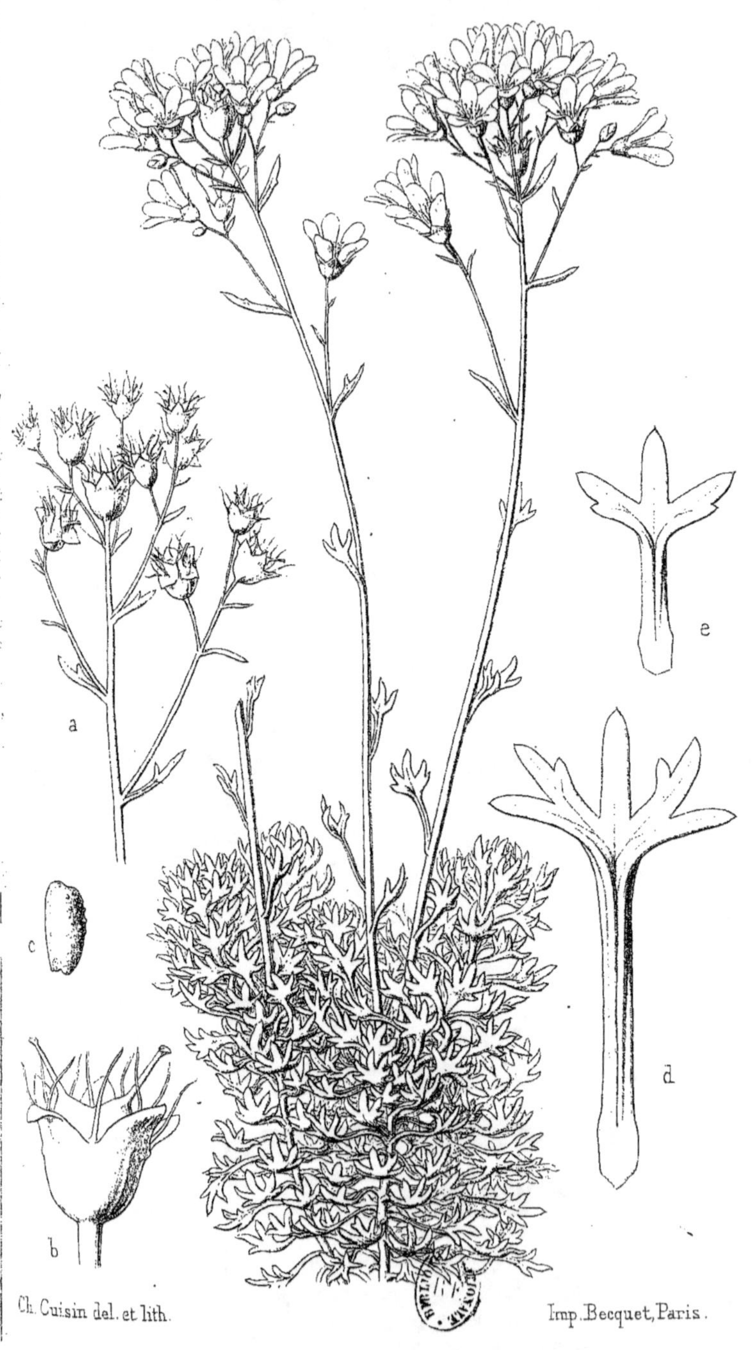

Saxifraga canaliculata. Boiss : et Reut :

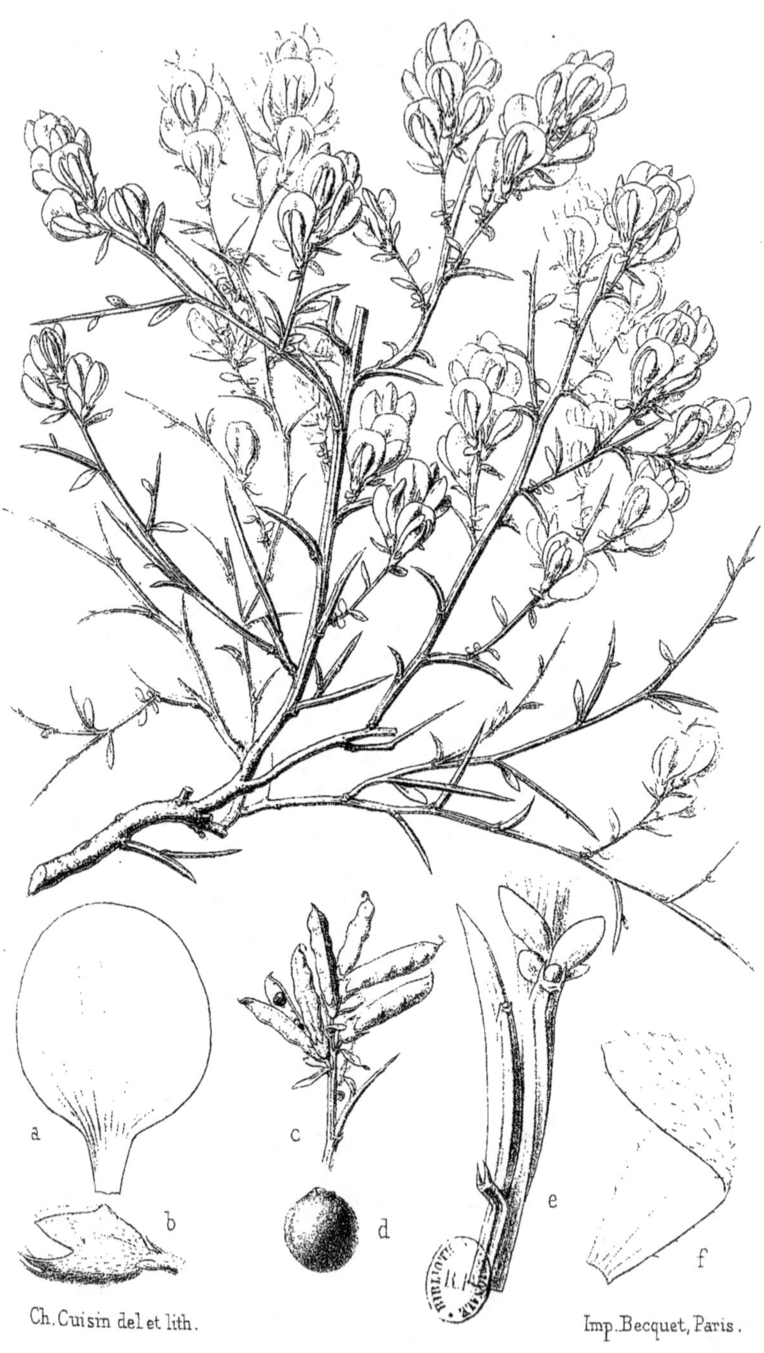

Genista carpetana. Leresche.

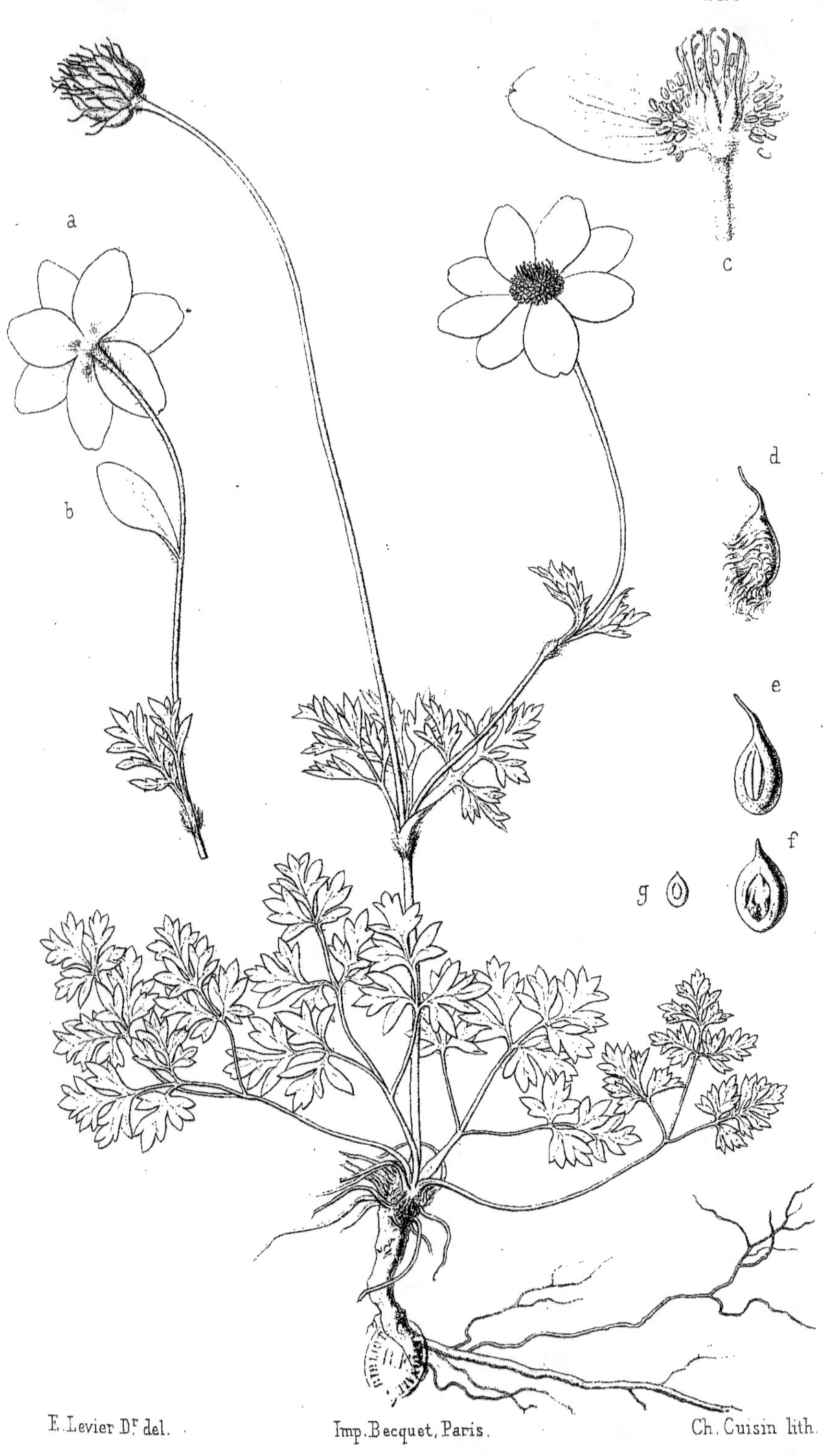

Anemone Pavoniana. Boissier. (Herb.)

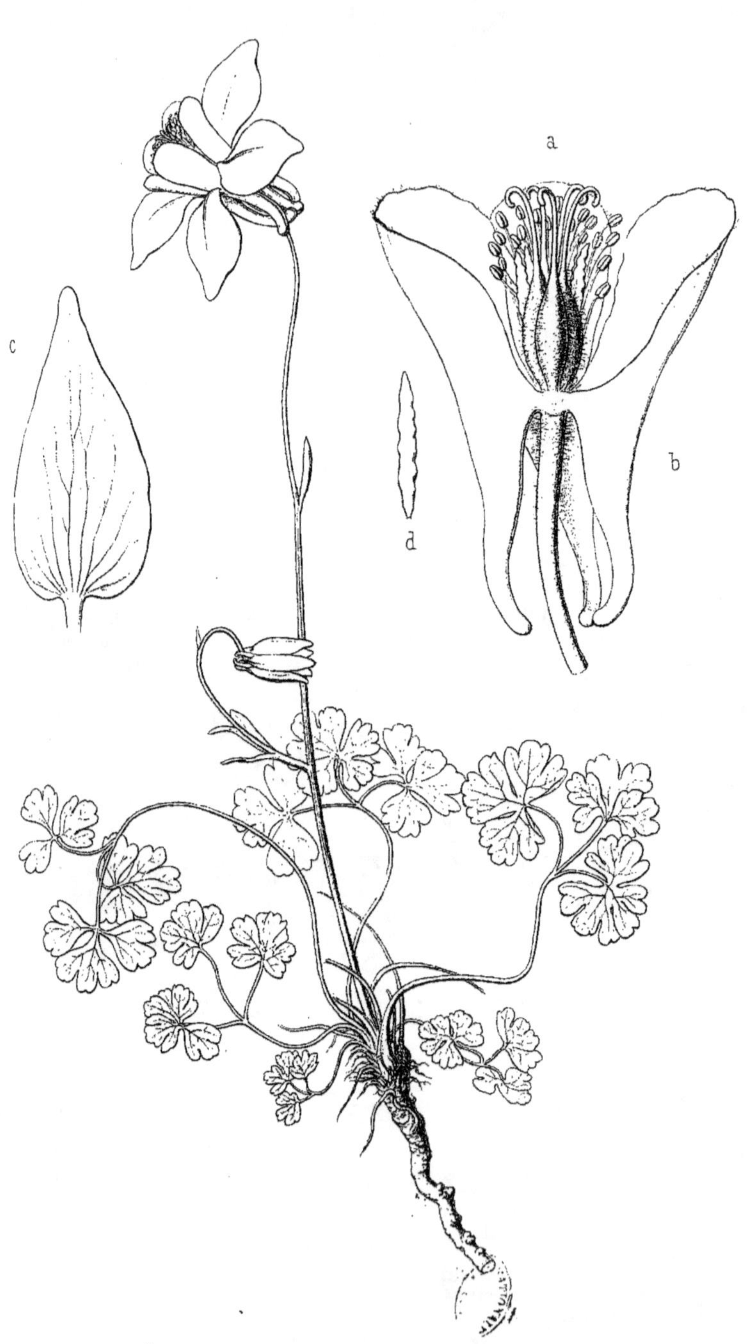

E. Levier D.ʳ del.   Imp. Becquet, Paris.   Ch. Cuisin lith.

Aquilegia discolor. Levier et Leresche.

Campanula acutangula. Leresche et Levier.

Ch. Cuisin del. et lith.

Imp. Becquet, Paris.

Campanula adsurgens. Levier et Leresche.

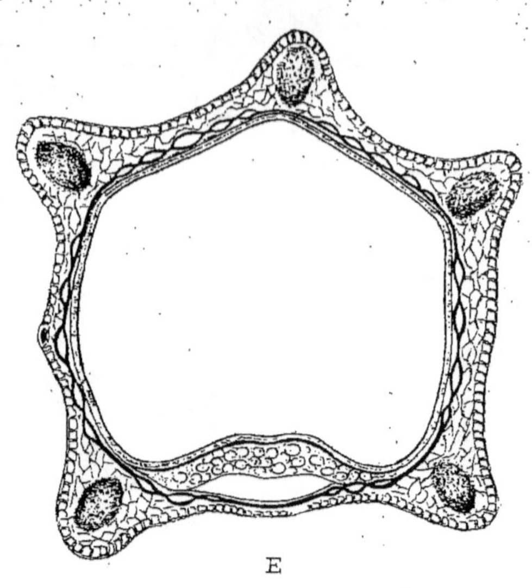

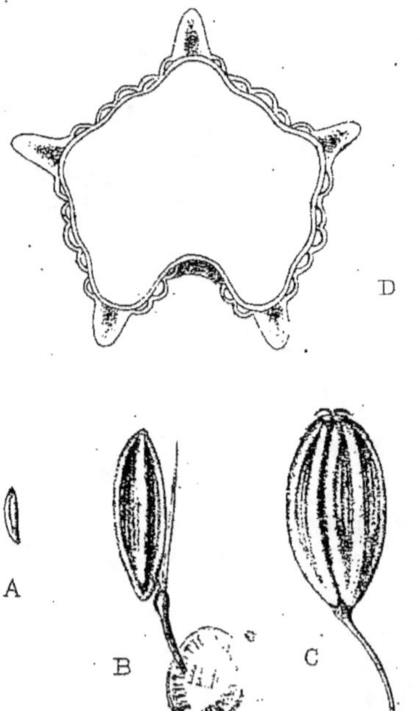

Levier del.   Lith. Spengler.

Pimpinella siifolia. Leresche

TABLE DES MATIÈRES

EN VENTE A LA MÊME ADRESSE

Alexandre Vinet. Histoire de sa vie et de ses ouvrages, par E. RAM-
BERT. *Troisième édition.* — 2 vol. in-12 . . . . 6 fr.

Bex et ses environs. Guide et souvenirs, par E. RAMBERT. — 1 vol.
in-12, avec gravures par *G. Roux* . . . . 3 fr.

Chemins de fer de la Suisse Occidentale (Les) au point de vue
spécial de la construction. Notice historique, statistique et descrip-
tive, par J. MEYER. — 1 vol. in-8 . . . . 3 fr.

Esprit d'Alexandre Vinet. Pensées et réflexions extraites de tous
ses ouvrages et de quelques manuscrits inédits, rangées dans un
ordre méthodique et précédées d'une préface, par J.-F. ASTIÉ. —
2 vol. in-12 . . . . 5 fr.

Etude de soi-même (De l'). Conseils aux jeunes filles dans une suite
d'entretiens, par une mère de famille. — 1 vol. in-12 . . . 4 fr. 50

Galerie suisse. Biographies nationales, publiées avec le concours de
plusieurs écrivains suisses, par EUG. SECRETAN. — 3 vol. in-8, 22 fr.
Le TOME III (*Les contemporains*), seul . . . . 8 fr.

Histoire de la Confédération suisse, par L. VULLIEMIN. *Deuxième
édition.* — 2 vol. in-12 . . . . 7 fr.

Histoire littéraire de l'éducation morale et religieuse en France
et dans la Suisse romande, par LOUIS BURNIER. — 2 vol. in-8, 12 fr.

Homme fossile (L') ou résumé des études sur les plus anciennes traces
de l'existence de l'homme, par FRÉD. TROYON. — 1 vol. in-8, 2 fr. 50

Lunette d'approche (La). Exposition populaire de la théorie, de
l'histoire et des usages de cet instrument, par H. RAPIN. — 1 vol.
in-12 avec 11 planches lithographiées . . . . 4 fr. 50

Notice sur l'ascenseur à air comprimé pour chemins de fer à
fortes rampes et à profil varié, par LOUIS GONIN. — 1 vol. in-8 avec
5 planches . . . . 3 fr. 50

Notice sur les bains salins de Bex, par le D^r TH. EXCHAQUET. —
1 vol. in-8 . . . . 1 fr. 50

Mon voyage aux Indes orientales, par AUG. GLARDON. — 1 vol.
in-12 . . . . 2 fr. 75

Rose de la cathédrale de Lausanne (La), par J.-R. RAHN. Traduit
de l'allemand par *W. Cart.* — 1 vol. in-4 avec 9 planches . . 5 fr.